建筑装修巧施工

张榜年　编著

中国建筑工业出版社

图书在版编目（CIP）数据

建筑装修巧施工/张榜年编著 . —北京：中国建筑
工业出版社，2014.1
ISBN 978-7-112-16344-1

I . ①建… II . ①张… III . ①建筑装饰—工程施工
IV . ①TU767

中国版本图书馆 CIP 数据核字（2014）第 017377 号

建筑装修巧施工

张榜年　编著

*

中国建筑工业出版社出版、发行（北京西郊百万庄）

各地新华书店、建筑书店经销

北京永峥印刷有限公司制版

北京云浩印刷有限责任公司印刷

*

开本：850×1168 毫米　1/32　印张：7⅜　字数：200 千字

2014 年 9 月第一版　2014 年 9 月第一次印刷

定价：**20.00** 元

ISBN 978-7-112-16344-1

（25075）

本书着重介绍了建筑装饰装修能工巧匠们在施工过程中的难点攻克、方法革新、工艺改进、操作技巧等方面的内容。内容按子分部分为抹灰、地面、吊顶、门窗、涂饰、糊裱等十三个章节，也补充了少量与装修施工有边缘关联的其他内容。该书突出新、异、巧、难的特点，力求在方法、途径、工艺上有所突破。本书内容限于工程施工专业，强调突出特色，不求系统全面，力求实用及可操作性。其内容丰富，资料翔实，深入浅出，通俗易懂。

本书可供从事装饰装修方面的工程技术人员、中高级装饰工人学习参考，也可作为大中专院校专业教学辅助用书。

＊　　　＊　　　＊

责任编辑：郦锁林　朱晓瑜
责任设计：李志立
责任校对：陈晶晶　姜小莲

前　言

1995 年 5 月，曾出版《建筑施工操作小窍门》，几年后又出版《建筑巧匠治通病》。仍觉意犹未尽，今又编著《建筑装修巧施工》。

从年轻时就从事建筑施工，一直未离开过这个行业，退休后仍返聘留在工地发挥余热。在漫长的建筑施工生涯中，始终坚持理论与实践相结合，在实践中不断地积累、总结、完善、创新，又在新的理论指导下从事生产实践，从而不断地提高。如此循环反复，虽然岁岁月月都在搞工程，但时间长了，干得多了，工作量大了，便能从中生出巧来。现将自己在建筑装饰装修施工方面积累的成功做法和自己的经验、体会，呈献给读者。

该书具有以下特点：

第一，在施工操作中突出"难"。比如在门窗的章节中，只编写自重型门扇自动闭门器的门顶、门底、鼠尾弹簧的安装技巧。这是因为目前自重型门安装多，该处又是施工操作难点，而木、铝合金、塑钢质门窗的常规安装工艺皆知，便不再介绍。

第二，在施工工艺上突出"新"。近几年饰面板（砖）工程发展很快，在施工工艺上有很大改进，这里只编写改进后的方法，没有编写传统的工艺做法。

第三，在方法上力求"异"。比如在介绍玻璃表面怎样涂装涂料时，介绍了涂刷透明涂料的三种方法；介绍了制造无光玻璃的两种方法；在如何检测抛光地砖和釉面地板吸水率时，采用"送检"固然是主要途径而且可靠，但该书则编写了墨水测试法和浇水鉴别测试法。

第四，在操作中突出"巧"。比如在封堵穿楼板管道洞口时，只需在传统做法豆石混凝土中按一定比例加入石膏即可。

这是由于熟石膏具有膨胀性，水泥是粘结材料，混凝土凝固后，不但不收缩，反而会膨胀，就不会发生漏水的问题，不一定非用抗渗微膨胀混凝土；还有一种是"土巧"，比如对少量砂石料进场验收，要初步测定其含泥量，可眼观其色，手摸之感，并非一定要经"送检"。

第五，老生常谈又不得不谈的基础项目。比如旧房改造时结构上哪些部位不能动；不同的墙体孔洞怎么封堵；对于非承重结构或不影响承重墙体或地面的一般裂缝如何修补；不同的墙体基层在进入下道工序之前有哪些不同的处理方法。这是因为每一步装修施工的基层处理很重要，它是关乎装修工程能否达到标准要求和体现装修效果的基础。

总之，该书所选内容局限于建筑装修施工操作方面，突出了施工操作工艺和方法，专业性较强。

由于时间仓促，水平有限，差错在所难免，敬请斧正。

目　　录

第一章　装修基础项目和材料的鉴别、选用 …………… 1

1. 基础装修主要指哪些项目？…………………………… 1

2. 隐蔽工程不能忽视哪些问题？………………………… 1

3. 怎样使家装隐蔽工程不再成为"隐患工程"？………… 1

4. 家庭装修哪些主体构件动不得？……………………… 3

5. 现场砂石料质量验收如何采用目测法？……………… 4

6. 现场砖块质量验收如何采用目测法？………………… 5

7. 抛光地板砖吸水率如何采用墨水测试法？…………… 5

8. 釉面地板砖吸水率如何采用浇水鉴别测试法？……… 5

9. 什么是砂浆稠度简易测试法？………………………… 5

10. 在施工现场怎样判定混凝土的初凝和终凝？………… 6

11. 室内抄平有什么新招？………………………………… 6

12. 什么是水平管一人抄平法？…………………………… 7

第二章　地面工程 …………………………………………… 10

1. 怎样选购实木地板？…………………………………… 10

2. 使用实木地板误区知多少？…………………………… 11

3. 怎样鉴别、选购釉面砖？……………………………… 11

4. 怎样测定混凝土地坪在 50mm 深度内的含水率？…… 12

5. 地面变形缝及镶边处理有哪些规定？………………… 13

6. 地面遇有变形缝如何巧处理？………………………… 14

7. 抗静电地坪涂料如何代替防静电板材？……………… 14

8. 树脂地面施工前混凝土地坪应具备哪些条件？……… 16

9. 环氧树脂自流平地坪施工有哪些新技术？…………… 16

10. 环氧树脂涂布可做出哪些仿石地面？………………… 19

11. 首层地面防潮有什么新做法？………………………… 20

12. 紧邻河湖建筑地面防潮有什么好办法？ …… 20

13. 怎样做能使防潮层防潮不失效？ …… 21

14. 如何使大面积耐磨硬化剂地面更耐磨？ …… 22

15. 如何控制大面积耐磨硬化剂地面裂缝？ …… 24

16. 如何控制大面积耐磨混凝土硬化地面的平整度
    和光洁度？ …… 26

17. 防止水磨石地面开裂及矿物颜料褪色
    有什么新方法？ …… 27

18. 怎样对水泥地面施涂溶剂型涂料？ …… 27

19. 怎样采用双组分聚氨酯、环氧树脂涂装地面？ …… 28

20. 铺贴聚氯乙烯地板应用哪种胶粘剂？乳液型与
    溶液型在用法上有何区别？ …… 28

21. 水性地板漆如何涂饰出新效果？ …… 29

22. 实木地板最佳铺装方法是什么？ …… 30

23. 怎样防止实木地板松动和起拱？ …… 31

24. 拼花木地板如何铺贴才能使拼花不走样？ …… 32

25. 如何避免实木地板被踩响？ …… 33

26. 厨卫间内墙贴砖与地面贴砖如何巧对缝？ …… 34

27. 室内楼地面板块排列有什么要求？ …… 35

28. 整体地面分格缝留置有什么要求？ …… 36

29. 碟彩石地砖铺贴有何技巧？ …… 37

30. 怎样预防地面砖起拱、开裂？ …… 38

31. 怎样防止供暖期间砖地面起拱？ …… 40

32. 台阶面层抛光地砖钻孔有何新方法？ …… 42

33. 石材废条如何巧利用？ …… 43

34. 饰面砖下脚料如何巧利用？ …… 44

35. 机制纯毛地毯铺设有何讲究？ …… 45

36. 楼梯地毯铺设操作有何讲究？ …… 45

第三章　涉水房间防渗漏工程 …… 47

1. 预防管道穿越楼板处渗漏水有何新方法？ …… 47

2. 卫生间结构板裂缝渗漏如何巧处理? ……………… 47

3. 卫生间结构中铁丝、铁钉生锈导致渗漏如何巧
   处理? ………………………………………………… 48

4. 为什么说采取设置不同的标高可有效预防卫生间
   渗漏的发生? ………………………………………… 48

5. 卫生间防渗漏有哪些小窍门? ……………………… 49

6. 涉水房间地漏与地砖结合处如何处理会更好? ……… 51

7. 下水道疏通如何小窍门? …………………………… 52

第四章 抹灰工程 ……………………………………… 53

1. 外墙装饰装修工程的基层怎样处理? ……………… 53

2. 如何对清水混凝土墙面进行修补? ………………… 55

3. 如何巧堵外墙螺栓孔? ……………………………… 56

4. 如何喷好大体积混凝土面的素水泥胶? …………… 57

5. 对抹灰基体前期洒水湿润有何讲究? ……………… 58

6. 墙体抹灰加设钢丝网片有何讲究? ………………… 58

7. 怎样做好保温层滴水槽? …………………………… 59

8. 分格缝及施工缝处装饰抹灰如何巧处理? ………… 59

9. 装饰抹灰扒拉石怎样"扒"抹成型? ……………… 60

10. 装饰抹灰拉条灰怎样"拉"抹成型? …………… 60

11. 装饰抹灰假面砖怎样"假"抹成型? …………… 61

12. 装饰抹灰搓毛灰怎样"搓"抹成型? …………… 61

13. 装饰抹灰拉毛灰怎样"拉"抹成型? …………… 61

14. 装饰抹灰仿石怎样"仿"抹成型? ……………… 62

15. 装饰抹灰斩假石怎样"斩"抹成型? …………… 62

16. 装饰抹灰干粘石怎样"粘"抹成型? …………… 63

17. 装饰抹灰洒毛灰怎样"洒"抹成型? …………… 65

18. 怎样预防顶棚抹灰层空鼓、开裂和脱落? ……… 65

19. 墙面阴阳角怎样才能抹得方正、顺直? ………… 67

20. 为什么说设置金属护角带可使阴阳角更顺直? …… 67

21. 为什么说子条、母条相结合,分格、装饰两相宜? … 68

22. 为什么说采用安装门窗假企口可创新抹灰工艺？ ······ 69

第五章　门窗工程 ······················· 72

　1. 玻璃知多少？ ························· 72

　2. 怎样挑选平板玻璃？ ····················· 73

　3. 自重型门扇弹簧安装有哪些技巧？ ··········· 73

　4. 铜质防火门安装如何做到严密不透烟？ ········ 74

　5. 防火门框安装细部有哪些新做法？ ··········· 76

　6. 防火卷帘门怎样安装防火更有效？ ··········· 77

　7. 全玻璃门固定部分怎样安装更牢固？ ·········· 77

　8. 全玻璃门活动门扇怎样安装更灵活？ ·········· 78

　9. 金属转门安装如何避免其因惯性偏快？ ········ 80

　10. 窗缝嵌填有何讲究？ ···················· 80

　11. 木门窗框如何钻孔安装？ ················· 82

　12. 如何采用水钻后打眼法安装不锈钢栏杆？ ······ 82

　13. 如何采用内衬钢管的方法加固不锈钢楼梯栏杆？ ··· 83

　14. 如何采用临时固定架的方法使木扶手安装更顺直、
　　　更牢固？ ························· 84

　15. 阳台封装用材为何各有利弊？ ·············· 85

　16. 如何巧改飘窗多用途？ ·················· 85

　17. 门锁如何巧加固？ ····················· 86

第六章　吊顶工程 ······················· 87

　1. 为什么在室内顶棚装修之前要"运筹帷幄"？ ········ 87

　2. 怎样预防室内吊顶打孔破坏预埋线管？ ········· 87

　3. 室内墙面顶棚变形缝处如何巧处理？ ·········· 88

　4. 如何避免纸面石膏板吊顶出现不规则的波浪纹？ ···· 89

　5. 怎样才能保证厨、卫浴间扣板吊顶平整？ ········ 90

第七章　轻质隔墙工程 ····················· 91

　1. 石膏板基层自攻螺钉如何防锈处理？ ··········· 91

　2. 如何使玻璃隔断安装牢固？ ··············· 91

3. 轻质隔墙板板面基层处理有何讲究？ ············ 92

4. 轻质隔墙板安装抗裂有何新技术？ ··········· 94

5. 怎样提高 ALC 内隔墙板安装工程质量？ ······· 101

6. GRC 轻质隔墙板裂缝防治有何巧办法？ ······ 103

7. 如何有效提高居室的隔声效果？ ············ 106

第八章　饰面板（砖）工程 ·············· 107

1. 工程上怎样选用花岗岩？ ··············· 107

2. 工程上怎样选用大理石？ ··············· 107

3. 天然文化石和人造文化石如何区别？ ········ 108

4. 如何鉴别瓷砖质量？ ················· 109

5. 石板干挂有何好处？ ················· 109

6. 采用外墙石材干挂的墙根部石材防破裂有何巧

办法？ ·························· 110

7. 石材干挂有何新方法？ ··············· 111

8. 为什么在安装护墙板时要预留通气孔？ ······· 113

9. 外墙饰面层有何巧改做法？ ············· 114

10. 如何采用聚合物水泥（砂）浆法镶贴墙面釉

面砖？ ························· 116

11. 如何采用粉状面砖胶粘剂镶贴外墙面砖？ ····· 117

12. 如何采用建筑胶粘剂镶贴陶瓷锦砖？ ······· 117

13. 玻璃锦砖贴面施工有哪些改进？ ·········· 117

14. 立柱大理石饰面板聚酯砂浆如何固定？ ······ 118

15. 大理石饰面板如何用树脂胶粘结？ ········· 118

16. 大理石饰面板如何楔固？ ············· 119

17. 如何用钢网骨架法安装大理石饰面板？ ······ 120

18. 磨光（镜面）花岗石饰面板湿作业如何巧改进？ ·· 122

19. 如何用干挂法安装磨光（镜面）花岗石饰面板？ ·· 123

20. 细琢面花岗石饰面板安装有何技巧？ ······· 124

21. 花岗石外饰面水印防止有何办法？ ········· 124

22. 卡玛乐墙身石室内、室外安装有何巧办法？ ···· 126

23. 海得威文化墙耐力板安装有何技巧？ ……… 127

24. 微晶玻璃装饰板安装有何技巧？ ……… 128

25. 微晶玻璃装饰板在圆柱上怎样安装？ ……… 129

26. 玻璃镜面的安装基本程序有哪些？ ……… 130

27. 不锈钢圆柱包面安装工艺"六部曲"是什么？ … 132

28. 怎样攻克不锈钢圆柱镶面施工难点？ ……… 133

29. 门窗洞口处面砖排列有何讲究？ ……… 134

30. 通风道贴砖防开裂有何技巧？ ……… 135

31. 洗涤盆与台面板之间缝隙如何巧处理？ ……… 136

32. 伸缩缝外盖镀锌铁皮如何巧改不锈钢？ ……… 137

33. 墙面勾缝如何处理更美观？ ……… 138

34. 外墙劈离砖填缝如何巧改进？ ……… 139

第九章 涂饰工程 ……… 141

1. 怎样鉴别内墙乳胶漆质量？ ……… 141

2. 如何鉴别多彩涂料质量？ ……… 142

3. 怎样配制和使用内墙腻子？ ……… 143

4. 怎样配制外墙腻子？ ……… 144

5. 怎样选用油漆？ ……… 144

6. 混油工艺知多少？ ……… 145

7. 油漆施工有何讲究？ ……… 145

8. 对各种有问题的涂装基层如何处理？ ……… 146

9. 油漆画线有何小窍门？ ……… 147

10. 油漆刷子如何巧改进？ ……… 148

11. 怎样正确判断黏稠度适当的胶粘剂？ ……… 149

12. 如何涂刷砂壁状建筑涂料？ ……… 149

13. 怎样涂刷仿瓷涂料？ ……… 150

14. 怎样涂刷水性丙烯酸酯防水涂料？ ……… 151

15. 金、银粉涂料如何调配？ ……… 152

16. 怎样调配水色、酒色和木器腻子？ ……… 152

17. 怎样调配可使涂料颜色更纯正？ ……… 153

18. 如何使花纹涂料更多彩？ …………………………… 156

19. 玻璃表面怎样涂装涂料？ …………………………… 157

20. 怎样在石砌墙面上涂刷乳胶漆？ …………………… 158

21. 怎样涂刷好"好涂壁"？ …………………………… 159

22. 外墙氟碳漆喷涂施工有何新技巧？ ………………… 160

23. 如何用高压无气喷涂法喷涂高黏度的油漆涂料？ … 162

24. 如何用弹浮技术使外墙彩色更亮丽？ ……………… 163

25. 如何采用喷涂工艺使外墙色彩砂质感更丰富？ …… 164

26. 解决裂纹漆常见问题有何操作窍门？ ……………… 166

27. 喷枪常见故障及其简易排除法有哪些？ …………… 168

28. 室内涂料粉刷如何巧修补？ ………………………… 169

29. 浅色墙漆怎样才能覆盖住深色墙漆？ ……………… 169

30. 怎样处理受潮发霉的墙面？ ………………………… 170

31. 不同墙面如何巧处理？ ……………………………… 170

32. 外涂墙面分格缝留置有何讲究？ …………………… 172

第十章 裱糊工程 ……………………………………… 173

　1. 怎样鉴别壁纸的优劣？ …………………………… 173

　2. 铝塑板裱糊如何操作？ …………………………… 173

　3. 抹灰基层锦缎裱糊施工操作有何技巧？ ………… 175

　4. 金属墙纸裱糊施工操作有何技巧？ ……………… 176

第十一章 细部工程 …………………………………… 178

　1. 电热法截锯泡沫塑料板有何新方法？ …………… 178

　2. 采用亚光硝基漆涂饰如何仿真红木家具？ ……… 178

　3. 红木旧家具如何翻新涂饰出新效果？ …………… 179

　4. 如何采用裂纹漆饰涂出人造革状花纹？ ………… 180

　5. 如何采用皱纹漆涂饰出厚重感？ ………………… 181

　6. 清漆家具如何翻新涂饰更清新？ ………………… 182

　7. 色漆旧家具如何翻新涂饰出新色彩？ …………… 182

　8. 硝基锤纹漆如何涂饰出新纹路？ ………………… 183

9. 如何涂装彩色家具？ ⋯⋯⋯⋯⋯⋯⋯⋯⋯⋯⋯⋯ 183

10. 如何涂装镶色家具？ ⋯⋯⋯⋯⋯⋯⋯⋯⋯⋯⋯⋯ 184

11. 如何用聚酯漆涂装家具？ ⋯⋯⋯⋯⋯⋯⋯⋯⋯⋯ 185

12. 如何采用硝基清漆涂装木制家具？ ⋯⋯⋯⋯⋯ 187

13. 怎样选用居室装饰玻璃？ ⋯⋯⋯⋯⋯⋯⋯⋯⋯⋯ 187

14. 玻璃表面怎样涂装漆料？ ⋯⋯⋯⋯⋯⋯⋯⋯⋯⋯ 188

15. 怎样扮靓卫生间？ ⋯⋯⋯⋯⋯⋯⋯⋯⋯⋯⋯⋯⋯ 189

16. 怎样解密设计师的窍门来打造居室装修的亮点？ ⋯⋯ 190

17. 如何让背阴客厅变亮？ ⋯⋯⋯⋯⋯⋯⋯⋯⋯⋯⋯ 191

18. 怎样减少新房甲醛污染？ ⋯⋯⋯⋯⋯⋯⋯⋯⋯⋯ 191

19. 什么样的家装有害健康？ ⋯⋯⋯⋯⋯⋯⋯⋯⋯⋯ 192

20. 如何清洗与保养地面饰材？ ⋯⋯⋯⋯⋯⋯⋯⋯⋯ 193

21. 怎样清洗和修补家具？ ⋯⋯⋯⋯⋯⋯⋯⋯⋯⋯⋯ 194

22. 家庭环保如何从改善居室空气做起？ ⋯⋯⋯⋯ 194

第十二章　节能工程 ⋯⋯⋯⋯⋯⋯⋯⋯⋯⋯⋯⋯ 196

1. 为什么家庭节能要从装修基础起步？ ⋯⋯⋯⋯ 196

2. 如何巧装暖气罩？ ⋯⋯⋯⋯⋯⋯⋯⋯⋯⋯⋯⋯⋯ 197

3. 怎样巧妙摆放太阳能收集器？ ⋯⋯⋯⋯⋯⋯⋯⋯ 197

4. 家庭节能有什么办法？ ⋯⋯⋯⋯⋯⋯⋯⋯⋯⋯⋯ 199

第十三章　水电暖安装工程 ⋯⋯⋯⋯⋯⋯⋯⋯⋯ 203

1. 管道安装有哪些规定？ ⋯⋯⋯⋯⋯⋯⋯⋯⋯⋯⋯ 203

2. 如何做好管道孔洞预留？ ⋯⋯⋯⋯⋯⋯⋯⋯⋯⋯ 203

3. 家庭装修如何防尘？ ⋯⋯⋯⋯⋯⋯⋯⋯⋯⋯⋯⋯ 204

4. 怎样选购地漏？ ⋯⋯⋯⋯⋯⋯⋯⋯⋯⋯⋯⋯⋯⋯ 205

5. 如何购买淋浴龙头？ ⋯⋯⋯⋯⋯⋯⋯⋯⋯⋯⋯⋯ 205

6. 如何巧用洗衣机地漏治渗漏？ ⋯⋯⋯⋯⋯⋯⋯⋯ 206

7. 如何自制手扳弯管器使搬弯更简便？ ⋯⋯⋯⋯ 207

8. 选用坐便器为何要"对距入座"？ ⋯⋯⋯⋯⋯⋯ 209

9. 如何巧改坐便器水箱橡皮封口球体？ ⋯⋯⋯⋯ 209

10. 修理瓷芯水龙头滴漏水有何小窍门？ ················· 210

11. 防止化粪池反臭有何办法？ ················· 211

12. 防止卫生间反臭味有何对策？ ················· 211

13. 如何巧用预制排气道？ ················· 212

14. 给水、排水、暖管如何巧修？ ················· 213

15. 如何巧换法兰垫？ ················· 214

16. 厨房装修烟道、燃气道、上下水道如何改造？ ········ 215

17. 下水道堵塞如何巧疏通？ ················· 215

18. 排水立管排堵有何小窍门？ ················· 216

19. 管道灌水试验管口封堵有何巧方法？ ········· 218

20. 室内暗线敷设有何学问？ ················· 219

21. 照明线路故障如何判断与处理？ ········· 219

主要参考文献 ················· 221

第一章 装修基础项目和材料的鉴别、选用

1. 基础装修主要指哪些项目？

通常基础装修主要是指以下几大项目：

（1）地面工程：包括地面凿平、铺砖及防水等。

（2）墙面工程：包括拆墙、砌墙、刮腻子、打磨、涂刷乳胶漆及电视墙基层等。

（3）顶面工程：主要是吊顶工程基础，包括木龙骨或轻钢龙骨、集成吊顶等。

（4）木作工程：主要包括门、窗套基层，鞋柜及衣柜制作等。

（5）油漆工程：主要是现场木制作的油漆处理等。

以上所用辅材，如腻子、水泥、砂子、木工板、石膏板、乳胶漆、电线、PPR管等，均包括在内。另外，水路和电路改造、垃圾清理等也属于基础装修。

2. 隐蔽工程不能忽视哪些问题？

（1）木龙骨。制作暖气柜、吊顶、铺装实木地板时，都要使用木龙骨，其关键是杜绝劣质木材。另外，为防火需要，木龙骨应刷 1～2 遍防火涂料。

（2）地面防水。目前常用到的防水材料有：SBS 改性防水卷材、聚氨酯涂膜、水不漏、堵漏灵等。做完防水处理后，应进行蓄水试验，查 24h 内有无渗漏水现象。

3. 怎样使家装隐蔽工程不再成为"隐患工程"？

在家装工程中，由于有些装修施工人员不了解该建筑的结

构或不清楚结构与建筑的内在关系，随意拆除改造，无意中将隐蔽工程变成了隐患工程，为安全埋下了隐患。因此，为使家装工程不再成为"隐患工程"，用户和家装人员必须了解如下事项：

（1）隐蔽工程的主要内容：所谓隐蔽工程项目，通俗地讲，就是被后续项目覆盖的施工项目，通常也就是暗敷设在内墙或地面里面的工程项目。主要包括：给水排水工程项目；家用电器、煤气、天然气、电话线和上网线等管线项目；地板基层、护墙板基层、门套基层、窗套基层和吊顶基层项目；住宅里面的"小三间"（厨房、卫生间、浴室）的防水项目；暗敷的管材、电缆线、防水层等。

（2）隐蔽工程质量问题的主要原因：

1）选材所用的装饰装修材料不合格，质量低劣。比如有的装修队以假乱真、以次充好，让一些伪劣材料进入装修工程中，这样的工程，多半是"包工包料"工程；也有的是用户对建材缺乏了解，只图价格便宜，把假冒产品买回家，影响到家装质量。

2）不按照施工工艺要求施工，也没按照规定程序进行检查、验收装修施工项目。比如管道渗漏造成楼下居民顶棚损坏；在对原有管道改造施工完毕后，没有经过注水、加压，检查有无跑、冒、滴、漏等程序就直接交工。对业主来说，只有在入住一段时间后，才会发现问题，这时为时已晚。

（3）预防措施及防控重点：首先要签订一份家装合同，明确保修义务，以确保家庭装修工程的安全与施工质量；其次是委托有一定经验的技术人员对工程进行监督检查，发现问题立即要求整改。隐蔽工程质量的防控重点是：

1）管线改动：施工人员在暗埋线路时，有的直接将电线埋入抹灰层内，而不是在电线外套 PVC 管；有的虽然套了管，但是中间电线有扭曲和接头有错的地方，直接把 PVC 管折弯，而没有使用套管工具或配套弯头，这样极易折断电线，造成短路，引发火灾。

2）水路改造：家庭住宅水路主要有三种，即自来水、热水和中水。中水是非应用水，一般用来冲马桶或浇花。用户需要知道热水和中水是否具备，以及是否接错管道，还要检查水表的位置是否正确（应该在厨房或卫生间的出水口）。另外，水管的材料与生活直接有关，要确定是否使用了国家指定的合格材料，如果材料太差，后期很容易漏水。

3）电路敷设：电路的暗敷与装修改造是否与原有的住宅楼设计图纸一致。电路是指插座的位置和匹配性，以及电线的型号和最大耗电设备的容量。用户可以向所在住宅小区的物业管理公司或开发商索要水、电等隐蔽工程的竣工图纸，一旦出现短路、断水情况，可以根据图纸的标注，由专业人员进行维修。另外，还要注意观察配电的漏电保护箱、漏电保护开关是否有照明；普通插座、大功率插座等是否有明确的分路；面板开关安装是否平整；同时，还要测试开关是否有效。

4）吊顶：吊顶结构在竣工图纸上不显示，但在灯位或中央空调的通风口，都能看到吊顶结构。业主从吊顶的观察口就可以通过肉眼判断，按照相关规定，隐蔽工程吊顶必须使用轻钢龙骨。

5）防水工程：防水施工，特别是卫生间的防水施工，要观察其基面有无起砂和松动等现象，或者是做好防水层后，是否被后续工序施工时破坏。

总之，只要从多方面了解和掌握隐蔽工程的难点和重点，严格把关，就能在家装施工中，从根本上杜绝隐蔽工程变成隐患工程。

4. 家庭装修哪些主体构件动不得？

在家庭装修中，有些关乎结构安全和主要使用功能的主体构件是动不得的，否则，势必给工程埋下安全隐患，造成质量事故；若非要拆除，必须经建设部门和设计人员检查，采取加固措施，方可拆改。

不许随意拆除的这些部位是：

（1）承重墙：一般说来，"砖混"结构的建筑物中，凡是钢筋混凝土预制板以下的墙一律不能拆除或开门、开窗；一般情况下凡厚度超过240mm以上的砖墙也属于承重墙。

（2）墙体中的钢筋：在水电安装埋设管线时，原楼板和墙体中的钢筋不能被损伤或切断，否则，就会影响封闭墙体和楼板的承载能力。这样，倘若遇到地震，这样的不封闭墙体和楼板就很容易坍塌或断裂。

（3）房间的梁柱：梁柱是用来支撑上层楼板和墙体的，如果将其拆除后，上层楼板就会失去支撑坍塌下来。

（4）阳台边的矮墙：一般房间与阳台之间的墙上，都有一门一窗。这些门窗都可以拆改，但窗框以下的墙不能移动更不能拆掉。这段墙叫"配重墙"，它像秤砣一样起着挑起阳台的配重作用。如果拆改这些墙体，会使阳台的承重能力下降，导致阳台下垂甚至坍塌。

（5）"三防"或"五防"的户门：这些户门的门框是嵌在混凝土中的，不能随意拆改。如果拆改则会破坏建筑结构安全，降低安全系数。

（6）卫生间和厨房间的地面防水层：这些房间的地面上都做有防水层，如果被破坏了，就有可能向楼下渗漏水。所以，在更换地面材料时，一定不要破坏防水层。如果拆掉后重新修建，一定要做好新的防水层并做24h蓄水试验，即在厨房和卫生间地面上灌水检查，待24h后检查是否有渗漏现象，无渗漏为合格。

5. 现场砂石料质量验收如何采用目测法？

砂石料的验收一般凭目测。其方法是：

（1）砂石含泥量的外观检查：如黄砂发黏、颜色灰黑，则表明含泥量过高。

（2）石子的含泥量检查：用手捏石子摩擦后，无尘土黏于手上，即为合格。反之，则含泥量过高。

6. 现场砖块质量验收如何采用目测法？

（1）砖块的抗压强度、抗折强度、抗冻等级等以质保书为凭，现场应做外观质量检查验收。如从砖的颜色和外观看是否属于欠火砖和过火砖。欠火砖颜色浅、尺寸偏大、声音发闷；过火砖颜色深、声音响亮，但有时伴有变形。欠火砖和过火砖在工程中不能使用。

（2）砖的规格应按各种砖的要求进行验收。

7. 抛光地板砖吸水率如何采用墨水测试法？

对抛光地板砖的简单鉴别，可采用墨水法测试。即将地板砖背面朝上放置，用墨水滴在上面，稍等片刻，然后用清水清洗，如果容易洗掉，则说明地板砖吸水率较低，质量较好。

8. 釉面地板砖吸水率如何采用浇水鉴别测试法？

对釉面地板砖的简单鉴别，可采用浇水法测试。即将地板砖背面朝上，将水杯中的清水浇在上面，然后观察地板吸水快慢。若吸水较慢，则证明地板砖吸水率较低，质量较好。

9. 什么是砂浆稠度简易测试法？

砂浆的稠度与砂浆的强度及和易性关系密切。砂浆的稠度测试应到专业试验室去做，而有关单位因嫌麻烦或认为不必要而免此测试。现介绍一种砂浆稠度简易测试法。

（1）基本工具：

1）用铁皮制作一个盛砂浆的圆锥形金属筒，筒体高度为145mm，锥底内直径为148mm。

2）用钢筋制作捣棒一根，直径为10mm，长为350mm，其一端呈半球形。

3）制作一个圆锥体，锥体高度为145mm，锥体直径为75mm，重量为300g±2g。

（2）将拌合好的砂浆一次注入圆锥形金属筒内，砂浆表面约低于筒口10mm。

（3）用捣棒自筒边向中心插捣25次（前12次需插到筒底），然后轻轻地将筒摇动或敲击5～6次，使砂浆表面平整。

（4）取单个圆锥体的尖端与砂浆表面相接触，位置调正向下，然后放手让其自由落入砂浆中，取出圆锥体用尺量其沉入的垂直深度（以厘米计），即为砂浆的稠度。

10. 在施工现场怎样判定混凝土的初凝和终凝？

在装修阶段，尤其是在地面施工做面层时，准确判定混凝土面层是初凝还是终凝很重要。根据以往经验，判定方法是：

（1）判定混凝土初凝：混凝土浇筑完成后，经过一段时间，双脚踩在平整的混凝土地面上，观察面层微微有些脚印，印深约有3mm，即可判定该混凝土已接近初凝。

（2）判定混凝土终凝：混凝土浇筑完成，又经过一段时间修整养护后，可用手指按混凝土面层，观察其不向下陷且仅有指纹时，即可判定混凝土临近终凝，据此可确定下一步施工。

11. 室内抄平有什么新招？

室内装修经常需要进行抄平，由于房间多、视线遮挡等原因，水平仪移动较频繁，既麻烦又很难做到准确。现介绍一种简单、快捷的抄平施工法，如图1-1所示。

（1）主材

1）普通2L塑料桶一个（A）。

2）工地用小推车带嘴内胎1个（B）。

3）直径10mm聚乙烯塑料管20m（C）。

（2）安装操作

1）将A下方底部打直径8mm圆孔，再把B（顶帽在桶内）

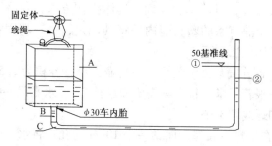

图 1-1　室内抄平装置

套直径 30mm 车内胎上，嘴朝下用螺母拧紧固定，然后将 C 用 22 号铁丝绑扎固定在 B 上面，再从 A 上口处将水注入至 C 内，基本注满为止。

2）将注完水的 A 用线绳在上口把手处绑成环形，任意在 50 基准线上下用钉子固定，将 A 拴牢。

3）将 C 末端任意对准 50 基准线，在 C 上面画横线为①，然后观察水静止，水平面上在 C 上面再画横线为②，移动 C 至所抄平部位，观察 C 内水平面静止后，对准画线②，则画线①对准所抄平部位点线即为 50 基准线，以此移动进行各部位抄平。

（3）注意事项

1）塑料桶上口不得拧盖。

2）水平管 C 不得有气泡、弯折等现象。

3）冬季加适量盐，待其融化后使用，以免水结冰。

4）水尽量不往外流出，如有流出，则要重新画线找点。

（刘俊岐）

12. 什么是水平管一人抄平法？

装饰施工中抄 50 标高控制线，通用的抄平工具为水准仪和水平管两种。这两种方法均需两人配合，且水平管抄平常因两人视差而造成误差。现介绍一种水平管抄平一人法，这种方法只需一人操作，且简单、准确。具体操作方法是：将水平管一端插入一个灌有水的塑料壶内并将其固定，另一端固定于水平尺上。具体做法如下：

（1）制作简易抄平装置。塑料壶一个，容积为 2.5L 或 5L；水平管一根若干米（按实际需要确定长度），水平尺一把，密封橡胶圈和螺线若干个。

1）在塑料壶底部侧面钻一个 10cm 的孔，将水平管一端从小孔处伸入壶内长 5～10mm，用橡胶垫片及万能胶将水平管固定牢固，将孔周边封严，确保不漏水。

2）将水平管的另一端牢固地绑在水平尺长方向的一侧。这样，一个简单的抄平仪就制作好了。

（2）抄平：

①先将塑料壶内灌入约 2/3 高度的水，再将壶牢固地悬挂在需抄平的楼层上，且要比基准标高点（常为 50cm 线）高出 30～50mm。

②将绑有水平管的水平尺底部对准基准标高，观察上方水平管内的水位，待水位稳定以后，再与水平面相同高度的水平尺上划出标记，如图 1-2 所示。

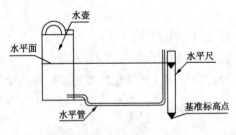

图 1-2　水平管抄平新招

将绑有水平管的水平尺移至需抄平的墙或柱上，观察尺身的水准泡居中，保证水平尺的垂直度，上下移动水平尺，直至水面与水平尺的标记一致后，沿水平尺的底边在墙或柱上划线。

此线即为所需的标高线。用同样的方法操作即可完成全部抄平工作。

用上述方法抄出的标高，经过水准仪复核，误差在允许偏差之内。其主要原理是：水壶与水平管内水的表面积相差几十倍，当水平管一端移动时，水壶内水面高度几乎不变，避免以往水平管操作中一端稍有误差，另一端随即也发生偏差的弊病。

如此，一人操作，既避免了二人观察水位的视差；而用水平尺上的水准泡控制尺身垂直度，又可避免用塔尺抄平中的尺子倾斜误差。

经过多次实践表明：采用此法，精确度高；省人、省力；方便易行；无论墙多高、房间多小，都可以随时抄平。

用此法操作，须注意以下几点：塑料壶盛水不能过满；塑料水壶不能盖盖子；水平管两端要固定牢固；水壶要悬挂稳当，水平管口不能渗漏水；水平尺要垂直于水平面；水平管不得弯折，管内不得有气泡，操作者务必检查仔细，认真操作，做到准确无误。

（郭灶忠）

第二章 地面工程

1. 怎样选购实木地板？

（1）确定购买什么材种的实木地板。不同材种的实木地板价格差异可能很大，材质的不同也往往决定了地板颜色的深浅和纹理图案。用户应根据自己的经济能力和对颜色、纹理的喜爱决定购买何种地板。挑选地板颜色要考虑与房间整体色调相协调，一般原则是要避免色调头重脚轻。

（2）挑选地板的规格尺寸。地板的尺寸涉及地板抗变形的能力，其他条件相同时较小规格的地板更不易变形，因此地板尺寸宜短不宜长，宜窄不宜宽。此外，地板尺寸还涉及价格和房间的大小，大尺寸的地板价格较高，面积小的房间也不适宜铺大尺寸地板。

（3）挑选外观质量。实木地板板面质量按《实木地板第1部分：技术条件》GB/T 15036.1—2009分为优等品、一等品、合格品三个等级。等级的不同对其存在的质量缺陷也有不一样的限制。具体情况要求如下：

1）地板表面腐朽、缺棱，三个等级都不允许有；地板表面裂纹：优等品、一等品不允许有，合格品允许有两条；地板表面活节：优等品、一等品都允许有2~4个，但有尺寸限制，合格品个数不限；死节与蛀孔：优等品不允许有，一等品有数量限制；色差：标准对此不做要求。

2）挑选加工精度。可通过简易办法挑选地板加工精度。例如从包装箱中取10块地板在平地上进行模拟拼装，用手摸、眼看其加工精度，不应有明显的高低差和缝隙。

3）挑选油漆质量。现在常见的是UV漆地板，有亮光漆和亚光漆等种类。应观察漆膜是否均匀、丰满、光洁、无漏漆、无气泡、无孔眼。

4）挑选含水率合格的地板。含水率是影响实木地板铺装后是否变形的至关重要的因素。特别要注意的是地板的含水率要低于购买地的平均含水率，而最好接近购买地的平均含水率。

2．使用实木地板误区知多少？

（1）过分强调颜色的一致。我国实木地板标准中并未规定地板的色差要求，因为实木地板是天然材料，有一定色差是自然的，也更体现其天然性。

（2）购买又长又宽的地板。有的消费者为了地板显得气派而购买又长又宽的大规格尺寸地板，其实地板规格尺寸越大越容易变形，价格也更昂贵。

（3）地板供应和铺装不是同一家。这样一旦出现质量问题容易产生推诿扯皮。

（4）不注意地板龙骨含水率以及地基质量。龙骨含水率合格，地基平整、干燥才能保证地板铺装后的质量。

3．怎样鉴别、选购釉面砖？

（1）规格：一般房间较小时宜选用 200mm × 300mm 或 300mm × 450mm 的规格，当房间较大时，可选用 300mm × 450mm 或 330mm × 600mm 的规格，并优先选用无缝砖。

（2）尺寸精度：任意选取 9 块砖，在平整的地面上以 3 × 3 列进行紧密排列，观察拼缝的直线度，偏差不允许超过 2mm，拼缝高度差不应超过 1mm。

（3）表面质量：任意选取几块砖，观察其表面有无缺陷，如砂眼、杂点、缺釉、釉面不平、釉裂、图案不能吻合、色差等。

（4）釉面硬度：用铁钉或小刀刮擦釉面砖的表面，观察其是否有明显划伤。

（5）听声音：用左手掂起一块釉面砖，右手指敲击砖面，听声音是否清脆，声音越清脆，其瓷质越好。

（6）测试吸水速度：将釉面砖背面朝上放平，用水杯将水倒在砖上，观察吸水速度，吸水速度越慢，则说明砖的吸水率越低，砖越密实。

（7）釉面的厚度：观察釉面砖的侧面釉层，釉层越厚的釉面砖镶贴后不易变色，釉面过薄，施工后易出现透底变色现象。

（8）称重量：同规格的砖，单块重量越重，则地板砖越密实，吸水率越低。

（9）耐污染性：全瓷抛光地砖可将砖背面朝上放平，将墨水滴在砖上，等 5min 后，用湿毛巾擦，能擦掉的说明砖的吸水率很低，吸水率越低、越密实，抗污染性能越强。也可以用 3B 的铅笔在砖的正面用力划出痕迹，然后用湿毛巾擦，能擦净的则说明砖的吸水率低、密实、抗污染能力强。

（10）釉面地板砖的抗污染性能比全瓷抛光地砖要强得多，所以一般不必测试。

4. 怎样测定混凝土地坪在 50mm 深度内的含水率？

在涂刷地坪的底涂之前，应先检测基层的含水率。水泥砂浆基层和混凝土基层的含水率应小于 8%，含水率的测定有以下几种方法。

（1）塑料薄膜法：把 45cm × 45cm 塑料薄膜平放在混凝土表面，用胶带纸密封四边，待 16h 后，薄膜下出现水珠或混凝土表面变黑，说明混凝土过湿，不宜涂装。

（2）无线电频率测试法：通过仪器测定传递、接收，透过无线电波差异来确定含水量。

（3）氯化钙测定法：测定水分从混凝土中逸出的速度，是一种间接测定混凝土含水率的方法。测定密封容器中氯化钙在 72h 后的增重，其值应 ≥46.8g/m^2。

（4）水泥砂浆基层及混凝土基层的含水率超标时，应排除水分后，方可进行涂装。排除水分的方法有以下几种：

1）通风：加强空气循环，加速空气流动，带走水分，促进混凝土中的水分进一步挥发。

2）加热：提高混凝土及空气的温度，加快混凝土中水分迁移到表层的速率，使其迅速蒸发，宜采用强制空气加热或辐射加热。

3）降低空气中的露点温度：用脱水减湿剂、除湿器或引进室外空气（引进室外空气露点低于混凝土表面及上方的温度）等方法除去空气中的水汽。

4）推迟施工时间，使地面保持通风干燥，直至含水率达到要求。

5. 地面变形缝及镶边处理有哪些规定？

建筑地面的变形缝及镶边处理首先应按设计要求处理，若设计无要求时此处镶边应符合下列规定：

（1）建筑地面的沉降缝、伸缩缝和防震缝，应与结构相应位置相一致，且贯通建筑地面的各构造层。

（2）沉降缝和防震缝的宽度应符合设计要求，缝内清理干净，以柔性密封材料嵌镶后用板封盖，并应与面层齐平。

（3）有强力机械作用的水泥类整体面层与其他面层邻接处，应设置金属镶边构件。

（4）采用水磨石整体面层时，应用同类材料以分格条设置镶边。

（5）条石面层和砖面层与其他面层邻接处，应用顶铺的同类材料镶边。

（6）采用木、竹面层和塑料板面层时，应用同类材料镶边。

（7）地面面层与沟管、空洞、检查井等邻接处，均应设置镶边。

（8）管沟、变形缝等处的建筑地面面层的镶边构件，应在面层铺设前装设。

上述规定既是构造的硬性要求，又是装饰装修的基本需要，忽视不得。

6. 地面遇有变形缝如何巧处理?

地面遇有变形缝,如果按一般的做法,是先在下部垫钢板,上部为预制水磨石块,再在两侧加橡胶伸缩带。此做法,加工繁琐,且尺寸厚度难以控制,装饰效果也不太好。

对此,经分析认为,变形缝只要有 10mm 变形量就足够了。故此采用了 50mm 厚中国黑花岗石板(供参考,可视面层用料,也可用其他花岗石板)做变形缝盖板,两侧各留 5mm 缝用黑色硅酮结构胶嵌缝,下部用结构胶点粘,具有较好的装饰效果和可靠的使用性能。做法如图 2-1 所示。

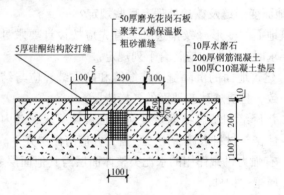

图 2-1　地面变形缝处做法示意图

7. 抗静电地坪涂料如何代替防静电板材?

以前,在需要采用防静电地面的场所,大多采用粘贴防静电板材的做法。近年来随着抗静电涂料技术的进步,采用防静电地坪涂料涂装混凝土或水泥地面,已获得抗静电效果良好的地面。

据查,环氧防静电地坪涂料性能指标,均可满足地坪抗静电的需要。

防静电地坪的构造形式也比较简单,如图 2-2 所示。

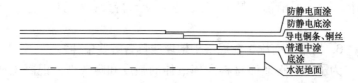

防静电面涂
防静电底涂
导电铜条、铜丝
普通中涂
底涂
水泥地面

图 2-2　抗静电地坪的基本构造形式

防静电地坪涂料的施工技术要点是：

（1）在防静电地坪涂层体系中，一般设计为渗透层、绝缘层（找平层）、接地网络、导电层和防静电层结构。

（2）渗透层的选用和涂装。渗透层的涂料应选用渗透性强的涂料，不能片面追求封闭性，以避免涂层起壳，如一道渗透底涂料不能封闭，则应涂装第二道。

（3）绝缘层（找平层）的选用和涂装。在施工绝缘层时，一定要注意最终表面的光滑性和平整度，光滑性和平整度越高越好，这样才能使导电自粘铜箔能很好地粘附。

（4）导电层的选用和涂装。在导电层施工时，一定要做到导电层能紧密排列，由于导电层都选用导电炭黑制成，因此，导电层的遮盖力相当好，在施工时很容易造成漏涂，从而影响面层的系统电阻。因此在施工时，以辊涂二道为宜。

（5）防静电层的选用和涂装。在防静电面层施工时，第一道应辊涂，其后的每道都应采取高压无气喷涂；不论溶剂型或自流平型，面层施工至少要分两道进行。在面层施工时要注意空气湿度和温度的变化。湿度和温度越高，面层的电阻值越低，在低温低湿度情况下施工，应调整配方，以免电阻值过高。

（6）踢脚线的处理。在做渗透层和绝缘层时，应将踢脚线一起处理，其防静电面层应选用薄涂型防静电涂料，一般不能采用地面的厚涂型和自流平防静电涂料。踢脚线的导电层一般不做，因薄涂型防静电涂料无法覆盖导电层所产生的缺陷。

综上所述，采用抗静电地坪涂料代替防静电板材，不仅能满足特殊地面抗静电的需要，还具有施工方便、表面平整美观、整体无缝、易清洁、易维修、抗静电效果持久有效等特点。

8. 树脂地面施工前混凝土地坪应具备哪些条件?

为了使树脂地面材料发挥最佳的强度和耐久性,混凝土地坪必须具备如下条件:

(1) 混凝土强度等级在 C30 以上。

(2) 在 20°C 环境下,混凝土地坪应保养 28d 以上,pH 值在 7~9 以内。

(3) 混凝土地坪在保养时,应避免使用防紫外线保养剂系列或树脂保养剂系列。

(4) 混凝土地坪下部的防水层应完好未受损坏。

(5) 混凝土表面不能用干水泥压光,表面有相当于 10mm 的细微粗糙度。

(6) 混凝土表面不能被各类油垢污染。

(7) 混凝土地坪不能有空鼓、脱皮、起砂现象。

(8) 抗压强度在 25MPa 以上,抗拉强度在 2MPa 以上。

(9) 混凝土地坪在 50mm 深度内,含水率小于 8%。

这样,在地面涂料施工完毕后,才能防止涂层不开裂或不剥落,达到预期的要求和效果。

9. 环氧树脂自流平地坪施工有哪些新技术?

环氧树脂自流平地坪施工工艺,虽已广泛应用,但由于其施工工艺和技术尚未成熟,国家行业暂时还未制定出台统一的工程质量验收标准。现就目前此项技术最新的施工技术介绍如下:

(1) 环氧树脂自流平地坪的性能

环氧树脂自流平地坪,整体无缝、附着力强、柔韧性好、防尘、防潮、防静电、平整、致密、坚固,可获得镜面效果,且耐磨、耐酸碱、耐冲击,便于清洁和维护,造价也低廉。

(2) 环氧树脂自流平地坪施工技术特点

环氧树脂自流平地坪,施工工艺简单,操作方便;各工序施工时需全面做好防尘、防蚊蝇、防水措施，文明施工程度高，克服了水泥砂浆和地砖地坪容易空鼓、开裂和起砂等缺点，可以营造环保、多彩和光亮的空间。

（3）环氧树脂自流平地坪施工工艺

1）环氧树脂自流平地坪，利用环氧树脂较强的附着粘结力和环氧树脂石英砂浆的修复找平性能，以及环氧树脂石英粉腻子的致密性和封闭性能，进行底涂、中涂和面涂施工。面涂施工时采用自流平镘面面涂专用镘刀刮平，带齿滚筒消泡，如图2-3所示。

2）施工工艺流程：地坪混凝土原浆收光→基层面处理→边角及变形缝处理→底涂层→环氧石英砂浆层→环氧腻子封闭→打磨吸尘→环氧自流平面层→固化保护→验收。

3）施工工艺：环氧砂浆自流平地坪施工总厚度，应严格按照设计要求进行控制。

①基层表面处理：对基层表面进行清理，同时根据基层表面平整度和光滑情况，进行打磨和喷砂处理，并采用工业大功率吸尘器对地坪上的灰尘进行清除，彻底清除水泥浮浆、杂物、残漆、蜡迹及涂料等污物。若地面有油污，应用溶剂处理。

②变形缝处理：对于宽度小于2cm的伸缩缝，在施工前，应用环氧砂浆进行填充至与地面齐平，每隔30m设置一条伸缩缝，并灌注弹性PU或弹性环氧胶；对于宽度不小于2cm的变形缝，应先清理杂物，下部用防水密封材料进行填充，最上层采用弹性填缝胶填实，填充厚度不大于10mm，如图2-4所示。

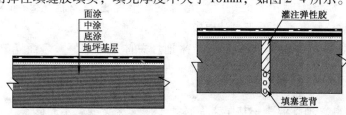

图2-3　环氧树脂自流平构造　　图2-4　环氧树脂自流平地坪
变形缝部位的处理

质量控制：基层表面要求较为粗糙，无浮砂（尘）及其他杂质、无油污、地面干燥；变形缝处理后低于地坪表面 1mm，嵌填密实；基层表面平整度偏差控制在 5mm 以内。

③底涂层施工：首先对施工区边沿及凸出地坪面各类设备基础，采用胶带纸进行预先隔离保护，然后滚涂底油，对地面全面进行封闭处理，材料消耗量约为 0.3～0.5kg/m^2。

质量控制：底油滚涂均匀、无遗漏，渗入基层表面深度不小于 2mm。

④环氧石英砂浆层和环氧腻子封闭层施工：待底涂层初凝后，采用环氧树脂无溶剂中涂和石英砂按 1:5 比例拌和，并用镘刀找平，环氧石英砂浆层厚度控制在 1.0～4.0mm 范围内。

⑤环氧石英砂浆层终凝后，采用环氧树脂无溶剂中涂和石英粉按 1:2 配合比配置环氧腻子，并用腻子刀刮抹，厚度控制在 0.5～1.0mm 范围内。

质量控制：环氧石英砂浆层表面平整度控制在 3mm 以内。环氧腻子封闭层平整度偏差控制在 2mm 以内。

⑥面涂层施工：当环氧腻子封闭层终凝后，采用 DECO 双碟打磨机进行表面打磨，然后用吸尘器对地坪上的浮尘进行吸尘清理，保证腻子封闭层表面清洁。再用自流平专用带齿滚筒消泡，面涂厚度不得大于设计要求。

⑦固化保护：自流平面涂表面固化需 6～8h 后方可上人行走，完全固化需 5～7d。

质量控制：表面平整、光滑，平整度偏差控制在 2mm 以内，总厚度不得低于设计要求。

质量要求：环氧树脂自流平地坪总体观感较好，表面光滑，无色差、无鼓泡和起皱现象。

（4）施工注意事项

1）地坪混凝土基层表面必须干燥，无裂缝、不起砂。含水率不得高于 6%，可采用 1m×1m 塑料薄膜紧贴地坪并用胶带密封四周，1d 后检查有无水汽或水珠进行判定。也可用温度测温仪测试。若基层表面存有裂缝，应沿裂缝切割成 V 形槽，该槽上口宽度不得小于 4cm，深度不得小于 2cm，清理槽内尘粒后用环氧树脂填压密实平整；若基层表面存有起砂现象，需要打磨表面，去除松散部分。

2）环境要求：

①施工过程中，气温不得低于 10℃。

②空气相对湿度不得大于 70%。

③在敞开空间环境施工时，风力不得大于 3 级。

④在面涂施工和表面未固化时，施工区周围不允许有起砂工序作业，否则应对施工区实施围挡防护处理。

⑤作业区和配料地点严禁带水作业，除基层处理和打磨工序外，在其他施工过程中，操作人员必须脚穿软底胶鞋，各类施工工具不得采用坚硬工具进行施工，同时在作业区、配料地点及材料堆放场所严禁烟火。

（5）环氧树脂自流平地坪的成品保护

1）面涂施工完毕后，严禁用水冲洗或浸泡。

2）6~8h 之内，施工现场必须封闭；48d 之内，严禁上人行走。

3）面涂施工完毕后，5~7d 之内，严禁在该地评上行车或上重设备。

4）环氧树脂为化学品，丢弃残余剩料和废料时，务必装袋运走。

5）配料区域要做好对地面的保护措施，防止污染地面，尤其防止对绿地的污染。

6）在一层或地下室等潮湿地面做环氧树脂自流平地坪时，应事前做好防潮、防水层，否则容易引起环氧树脂自流平涂层起鼓、脱层等。

10. 环氧树脂涂布可做出哪些仿石地面？

环氧树脂涂布材料以环氧树脂为基料，加入固化剂、增塑剂、稀释剂、填料和颜料等配合而成。它具有与基层粘结好、收缩率小、耐磨、耐刻划和耐化学品性能等优点。

除了单色涂布地面外，还可做仿石地面，如仿大理石地面，是在单色涂布完后，在其上倒上掺入白色铁白粉的涂布料，让其自由流平，也可用铁板拉花；还可做出仿水磨石地面，是在单色涂布地面上点上小石粒大小的斑点。

11. 首层地面防潮有什么新做法？

住宅楼首层地面，尤其是无地下室房间的首层，由于室内外高差小，夏季室内地面容易受潮，造成家具受潮变形，内墙面底部 50cm 以下受潮粉刷层起皮、鼓泡、墙皮脱落，严重影响美观和使用效果。

针对这种情况，只要做好首层地面防潮层即可避免上述问题的发生。具体方法是：

（1）在室内铺地板砖之前 15d，在地面上用 3～4mm 厚的防水卷材做一道防水层用作防潮处理（做法同防水工程相同）。

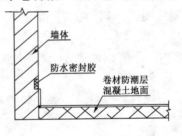

图 2-5　首层地面防潮层构造

（2）防水卷材沿墙周边上翻高度不低于踢脚线高度，用切割机切割宽度为 5～10mm，深度为内粉刷层的防水槽，把上翻卷材边隐蔽在槽内，槽口用密封胶封好，如图 2-5 所示。

（3）贴踢脚板时，不要用水泥砂浆，而要用石膏或者内墙腻子粉加建筑胶，这样粘贴的踢脚板坚固而又防潮。

（方莉）

12. 紧邻河湖建筑地面防潮有什么好办法？

紧邻河湖或地下水位高的建筑物地面，大都返潮严重，致使墙面斑驳，影响使用。出现地面返潮，除与施工质量有关以外，还与防水构造有关。现介绍一种方法可防地面返潮。

即在地面改造时，混凝土强度等级为 C20，水泥用量不小于 320kg/m³，水灰比为 0.55~0.6，混凝土浇筑时振捣要密实；用 200mm 厚、粒径为 20~60mm 石渣做垫层，采用平板振捣器振捣密实；面层水泥砂浆内掺 5% 防水粉。防潮地面构造，如图 2-6 所示。

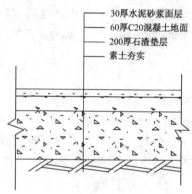

———— 30厚水泥砂浆面层
———— 60厚C20混凝土地面
———— 200厚石渣垫层
———— 素土夯实

图 2-6　紧邻河湖建筑地面防潮构造

13. 怎样做能使防潮层防潮不失效?

（1）油毡防潮层。油毡防潮层分为干铺和粘贴两种。干铺油毡防潮层是在防潮层部位的 20mm 厚 1:3 水泥砂浆找平层上干铺油毡一层；粘贴做法是在砂浆找平层上刷冷底子油一道，然后用热沥青粘贴油毡，再在油毡上涂刷一层热沥青，形成一毡二油的防潮层。

为了确保防潮效果，不论是干铺或粘贴，油毡的宽度应比墙宽 20mm，油毡搭接应≥100mm。干铺油毡的做法是把防潮层上下的砌体分开，以达到防潮的效果。需要注意的是：这样做却破坏了墙的整体性，不能用于地震区。

（2）防水砂浆防潮层。在设置防水砂浆防潮层部位，抹 20mm 厚掺入防水剂的 1:2 水泥砂浆。防水剂与水泥混合凝结时，产生不溶物质，能起到填充、封闭细孔的作用。常用的防水剂为成品防水粉，防水粉的掺量一般为水泥重量的5%。

（3）细石混凝土防潮层：细石混凝土防潮层是采用60mm厚与墙体等宽的细石混凝土，内配3Φ6或3Φ8钢筋。混凝土比砂浆密实，能在一定程度上阻断毛细水。配置钢筋之后，能防止基础不均匀沉降造成的混凝土带开裂。

（4）防水砂浆砖砌防潮层：防水砂浆砖砌防潮层，是在防潮层部位用防水砂浆砌4~6皮砖达到防潮目的，其位置在室内地坪上或下均可。

14. 如何使大面积耐磨硬化剂地面更耐磨？

大面积耐磨硬化剂地面是在现浇混凝土初凝时，在混凝土表面上均匀撒播一层硬化剂材料，通过机械磨光机反复磨光成型的一种地面形式。耐磨硬化剂地面具有表面硬度高、密度大、耐磨、不生灰尘等特点。它消除了因基层与面层结合不良而导致裂缝和空鼓的质量通病。由于其施工简便、工期短、经济适用，在工业厂房、停车场、大型超市、车库等地面工程中被广泛应用。

地面硬化剂材料由骨料和胶结物两部分组成。骨料为砂状，平均粒径为1.5mm，约占总量75%；胶结物为经处理的高等级的水泥及色料，占总量的25%。怎样使大面积耐磨硬化剂地面持久更耐磨呢？

这里的关键是硬化剂的施工。其中硬化剂的播撒次数、播撒时机、播撒方向、播撒量，以及圆盘机械镘的操作方式、手工压光过程均为该工艺的核心技术。具体施工操作方法是：

（1）在硬化剂施工操作之前，首先将基础工作做好，即要将水、电线管预埋到位，标高、水平、边界定位要准确；其次是要确保混凝土地台的强度要符合设计要求，且表面要密实，无积水，用3m直尺检查平整度≤3mm。

（2）在地面硬化剂施工过程中，要精心做好如下几道工序施工：

1）去除浮浆。使用直径为 1m 圆盘机械镘均匀地将混凝土表面浮浆膜破坏掉（模板边缘使用木抹子）。

2）撒播硬化剂。将规定用量 2/3 的地面硬化剂按预先计量撒播面积划出区段用手均匀地洒布在初凝的混凝土表面，开始撒播的时机很重要，它与水灰比、天气阴晴、风力大小及清晨还是午间关系很大。在一段操作施工后，认为混凝土接近初凝时，双脚踩在初凝的混凝土地台上，微微有些脚印为宜（印深约 3mm 左右），前面用手播撒硬化剂，后面用刮杠及木抹子边刮、边平、边揉搓施抹，然后用 3m 直尺检测找平，平整度应 ≤3mm；待地面硬化剂吸收水分变暗且均匀湿润后，采用直径为 1m 圆盘机械镘依次进行磨压作业，随后将余下的 1/3 材料均匀撒播，用机械镘将上一层硬化剂旋压进地台面层上进行第二次撒播作业。

3）圆盘机械镘作业。待地面硬化剂吸收水分均匀湿润后，随即视混凝土硬化情况，进行至少三次圆盘机械镘抹压作业，机械的运转速度应视混凝土地台的硬化情况作出调整，机械运行应纵横交错进行。圆盘机械镘抹时，操作人员要穿宽大硬底特质拖鞋，以免在作业面上留下脚印，新旧混凝土衔接处应平整、密实、无污染。

4）表面磨光作业。当机械磨压三遍后，地面硬化剂临近终凝前，最后使用铁抹子进行手工镘抹修饰加工，手工镘抹分纵横三遍进行。边抹边用 3m 直尺控制平整度，误差应 ≤3mm，当用手指按硬化剂面层不向下陷且仅有指纹时，可用铁抹子压光，第一遍和第二遍之间可停 0.5h 左右，在抹完第二遍之后再抹第三遍，表面不允许有磨痕，衔接处无明显印记，表面应光洁平整无砂眼。

5）地台养护。混凝土地台完成后，为防止其表面水分蒸发过快，确保地面硬化剂强度稳定增长，应在其表面均匀喷洒养护剂或覆盖薄膜，进行早期养护。

15. 如何控制大面积耐磨硬化剂地面裂缝？

大面积耐磨硬化剂地面有时出现裂缝，主要原因有两个：

一是基层混凝土强度等级高，产生的水化热高；二是冬期施工，环境温度低，混凝土内与环境温度温差大，养护不当，混凝土温度较高时突然浇冷水养护，也会产生无规则的多条微裂缝，裂缝严重的可导致地面渗漏。

要防止裂缝必须从两方面入手：一方面从设计上设置伸缩缝或后浇带，并在耐磨地面完成后切割；另一方面在施工中改善施工工艺，降低混凝土温度应力和提高混凝土自身抗裂性能。具体措施是：

（1）配合比设计及试配。为降低混凝土应力，最好的办法是降低混凝土的水化热。因此，在已选用商品混凝土现场泵送时，水泥要选用低水化热的粉煤灰硅酸盐水泥或矿渣硅酸盐水泥，尽可能减少水泥用量。细骨料采用中砂，粗骨料选用粒径5~25mm连续级配石子，以减少混凝土收缩变形，骨料中含泥量对抗裂的危害性很大。因此，骨料必须现场取样实测，石子的含泥量控制在1%以内，砂的含泥量控制在2%以内，外加剂采用外加UEA微膨胀剂。掺入量按水泥重10%计算。实验表明在混凝土添加了UEA以后，混凝土内部产生的膨胀应力补偿混凝土的收缩应力，可减少混凝土的不规则开裂。

（2）分块处理：把大面积耐磨地面结构按垂直方向设置施工缝，将其合理地分为若干小块，每一块为一仓（一般4~8m宽，40~50m长），施工期间实行分块跳仓浇筑，在每一施工区域内，一次性浇筑完毕，不允许出现冷接缝，相邻两块混凝土浇筑间隔时间不得少于7d。这种跳仓式浇筑法既便于操作，又可提前释放一部分混凝土的收缩量，有利于减少混凝土的收缩裂缝，准备采用地面硬化剂的混凝土的地台，要求混凝土一次性浇筑至设计标高，如不铺设防水薄膜，应洒水使地基处于湿润状态。拆模后设隔离层一道，缝宽3~5mm，与第二次浇筑的混凝土形成平头伸缩缝。

（3）设置伸缩缝：在墙、柱、设备基础边缘、分仓缝处设置伸缩缝。用10mm厚的苯板（密度为20kg/m^3），固定在设备基础、柱边缘与地面交接处；墙边与地面交接处、分仓处用20mm厚苯板隔开设置通缝。苯板宽度150mm，顶标高低于地面标高30mm。

（4）混凝土在分仓混凝土浇筑2～3d后切缝，切割深度应至少为地坪厚度的1/3，切割缝宽3～5mm，一般间距为6m，为确保切割缝整齐顺直，切割前要统一弹线。缝切割后要将缝内杂物清理干净，用除尘器吹干缝内积水，将嵌缝胶灌入其内，这种材料要具有良好的耐候性、延展率和防水性能。地面经过切割处理后即可使地面板块整齐，又可使内应力适时释放，防止出现冷裂缝。

（5）表面处理：基层混凝土振捣要及时，先振捣料中处混凝土，在已形成自然流淌坡度后，然后再全面振捣。为提高混凝土的极限拉伸强度，防止因混凝土沉落而出现裂缝，减少内部微裂，提高混凝土密实度，还要采取二次振捣法。在振捣棒拔出时混凝土仍能自行闭合而不会在混凝土中留空洞，这时是施加二次振捣的合适时机，但不能过振，防止离析。由于混凝土表面水泥较厚，在混凝土浇筑完成4h后再用圆盘机械馒进行二次搓平压实，这样能有效消除混凝土表面的早期塑性裂缝，并能减少混凝土表面水分散发。

（6）应力分布钢筋：耐磨地面成型后7～10d通常会在地面与柱交接处出现阴角裂缝，这主要是由于刚度变化，基层混凝土平面形状转折处的阴角存在竖向裂缝，有的从顶部向下开裂，上宽下窄，这是由于收缩应力和沉降、温度应力等共同作用，在角部形成集中应力超过混凝土抗拉强度所造成的。为了防止阴角部位混凝土产生裂缝，除从设计方面尽量少用凹凸的平面形成，并且在阴角处采用附加钢筋等构造措施外，还应在施工方面保证阴角部位的混凝土施工质量，及时覆盖、淋水，或喷洒养护剂进行养护，并控制拆模时间不宜过早。

（7）传力杆设置：传力杆设置在分仓缝处，传递竖向荷载，防止两块地面衔接处发生沉降。传力杆设置要求，要保证一端能自由活动，避免因传力杆活动端与混凝土摩擦产生拉应力。

16. 如何控制大面积耐磨混凝土硬化地面的平整度和光洁度？

大面积耐磨混凝土硬化地面的施工关键之一在于平整度和光洁度的控制。只要施工人员认真落实制定好的各项技术措施，提高管理力度，即可确保耐磨混凝土硬化地面的光洁度和平整度。具体操作措施如下：

（1）平整度：先浇筑的区域采用槽钢或木方作模板，用水准仪检测模板标高，对偏差处用楔木块调整标高，保证模板的顶标高误差小于3mm，模板内外分别用木楔或钢筋加固牢。混凝土的浇筑尽可能一次浇筑至标高，局部未达到标高处利用混凝土料补齐并捣实，严禁使用砂浆修补，并对柱、边角等部位要修整完好。混凝土浇筑完以后，采用橡皮管或真空设备筒去除泌水，重复两次以上后开始耐磨材料施工。

（2）耐磨材料施工前，中期作业阶段施工人员应穿平底胶鞋进入，后期作业阶段应穿宽大硬底特制拖鞋进入，以免在作业面上留下脚印。混凝土的每日浇筑量与镘光机的数量和效率要相适应。

（3）光洁度：耐磨层表面收光时卸下圆盘采用磨光片镘磨，机械镘磨应纵横交错进行，运转速度和镘磨角度变化视混凝土地面硬化情况作出调整，直至表面收光为止，边角等难以操作到的地方可用手工完成。

（4）耐磨材料撒布的时机随气候、温度、混凝土配合比等因素而变化；撒布过早会使耐磨材料沉入混凝土材料而失去效果，撒布太晚混凝土已凝固会失去粘结力，使耐磨材料无法与其结合而造成剥离；墙、柱、门和模板等边线处水分消失较快，宜优先撒布施工，以防因失水而降低效果。

（5）镘光机作业时应纵、横向交错进行 3 次以上，镘光机的转速及角度应视硬化情况调整，镘光机作业后，如果面层仍存在抹纹较凌乱的现象，可采用薄钢抹子对面层进行有序、同向地压光，边抹边用 3m 直尺控制平整度，误差应≤3mm，当用手指按硬化剂面层无下陷仅有指纹时，可用铁抹子压光，第一遍和第二遍之间可停 0.5h 左右，抹完第二遍之后即可抹第三遍，表面不允许有抹痕，衔接处无明显印记，表面应光滑平整、无砂眼。

（6）养护：为确保地面硬化剂强度稳定增长和表面不被污染，从混凝土整平到覆盖养护，所有操作过程保持在 24h 内完成，其养护方式最好采用覆盖薄膜或喷洒养护剂。

17. 防止水磨石地面开裂及矿物颜料褪色有什么新方法？

在水磨石地面施工中，常会遇到地面在垫层施工缝部位局部出现细小裂缝和矿物颜料，经太阳长时间照射后有褪色的现象。出现这两个问题的主要原因是，由于变形缝分格大，混凝土基层温度应力和干缩应力不可避免所致。

解决的办法是：采用加强地面垫层整体刚性的措施。如果地面承载重车，地面垫层也需加强。根据经验：将地面基层设计为 100mm 厚 C10 混凝土垫层，200mm 厚 C25 配双层双向 $\phi 8@200$ 混凝土结构加强层，并将混凝土施工缝设置成 1:2 斜缝。经过以上加强措施，水磨石地面面层就不会出现细小裂缝。

如果在彩色水磨石水泥中掺入矿物颜料（铁的氧化物），经日光长时间照射后就很容易褪色。因此，将其改用为白水泥彩色石子，这样就可避免褪色的问题。

18. 怎样对水泥地面施涂溶剂型涂料？

（1）基层处理：涂料施工前，基层应处于干燥、平整和清洁状态。新水泥地面必须充分干燥后，pH 值小于 9 才能施工。经过清洗后的地面也要待其干燥，应在含水率不大于 8% 后进行施工。地面浮灰可以采用拖把、扫帚清理。表面沾染的油迹或油漆可用钢丝刷或溶剂清理。

（2）施工步骤：在清理干净并且干燥的水泥地面上涂刷一遍底涂料。隔24h后将基层上的裂缝、孔洞等处填平。然后根据基层的平整情况，刮涂1~2道腻子。

（3）待腻子层干透后，再进行适当打磨清扫，即可涂刷涂料。涂刷方法与一般溶剂型涂料相同。一般涂刷2~3遍。待前一道涂料干燥，经砂纸打磨、清扫干净，再涂刷下一道涂料。

涂料施工完毕后，应在空气流通的情况下干燥7d，经打蜡后再使用。

19. 怎样采用双组分聚氨酯、环氧树脂涂装地面？

（1）在经过清理、风干的清洁、干燥的基层上，先涂装一道加有固化剂的清漆。隔日后，用涂料配制腻子将基层上的孔洞、裂缝等缺陷填平，等干燥后打磨平整。

（2）基层修补完后，按照比例将双组分涂料混合均匀，然后倒在待装涂的地面上，用刮板平稳地摊开刮平，不要往返来回次数过多，以免产生气泡。一次施工的涂层厚度应控制在1mm以下。若一次刮涂得太厚，容易产生气泡或太大的收缩。对于聚氨酯弹性地面涂料，应待前道涂料干燥2d后再刷涂后一道。

（3）涂料施工完成以后，为了提高涂层的表面光泽，可以再涂刷罩面清漆，例如双组分的聚氨酯清漆。在涂刷清漆的过程中要注意保持环境清洁，防止涂层在未固化前受到沾染。

涂层施工完以后，一般应静置固化一周以上，通常在2~3周后可以正常使用。

20. 铺贴聚氯乙烯地板应用哪种胶粘剂？乳液型与溶液型在用法上有何区别？

（1）在施工程序上，铺贴聚氯乙烯地板都是一样的，即：

弹线分格→裁切试铺→刮胶→铺贴→清理、养护。

（2）铺贴聚氯乙烯地板，不论乳液型还是溶液型都可以用胶，只是不同的胶粘剂有不同的施工方法。乳液型胶粘剂同时在基层和塑料板背刮胶；溶剂型胶粘剂只在地上刮胶，且涂布后应晾干到胶液刚不粘手时方可铺贴；PVA等乳液型胶不需晾干过程；聚醋酸乙烯溶剂型胶要边涂边铺，且涂刮面不能太大，其中甲醇挥发迅速。

（3）在清理、养护上，对水乳型胶粘剂只需用湿布就可擦去板面的残迹；对溶剂型胶可用松节油或200号汽油擦净；塑料地板粘实后养护2~3d，养护期间应注意室内通风，禁止人员在其上行走。

21. 水性地板漆如何涂饰出新效果？

怎样使用水性地板漆将地板涂饰得质地透亮、色彩自然，给人以舒适、亮丽的视觉感？其操作技术要点如下：

（1）白坯处理。先用打磨机打磨好地板以后，再用400号耐水砂纸打磨地板表面至平整、光滑，随后用刷子清扫、除尘布擦拭地板表面，除净浮尘。

（2）刷底漆。用羊毛刷涂刷水性打磨底漆1~2遍，每道底漆干燥后用800号耐水砂纸打磨至平整、光滑，再用除尘布擦拭地板表面，除净浮尘。

（3）腻子嵌缝处理。用水性木器腻子满刮板缝和地板木孔1遍，以填补板缝和地板木孔，要求腻子颜色与地板相同或接近，不相同时可用铁红、铁黄、铁黑或哈巴粉等粉料与腻子调色。腻子干后用800号耐水砂纸磨至平整，并用除尘布擦拭地板表面，除净浮尘；再用同样的腻子刮抹第2遍，以保证填平、填实板缝和地板木孔，砂磨后用除尘布除净浮尘。

（4）刷底漆1遍。用打磨底漆加清水稀释后的水性打磨底漆（1kg打磨底漆加50~100g清水）刷涂或喷涂1遍，待干后用1000号耐水砂纸磨至平整，并用除尘布擦拭地板表面，除净浮尘。

（5）刷涂地板漆。刷涂前，应将地板漆加水调配、调匀后，再用200目以上纱网过滤。刷涂时，一般要求刷涂地板漆 2～4 遍以满足施工要求，每遍漆膜干透后用1500号耐水砂纸磨至平整，并用除尘布擦拭地板表面，除净浮尘。每遍间隔视天气情况，以干透为准。一般情况下，间隔12h以上漆膜就完全干透。

22. 实木地板最佳铺装方法是什么？

多层实木地板一般有三种铺装方法：一种就是像单层实木地板一样铺在地垄上，这种铺法脚感较好；也有人在地垄上铺一层木工板，然后再铺上多层实木地板，但费时费力，价格也不低。

最简单的铺法就是在找平的地面上铺防潮垫，然后直接铺上多层实木地板。这种铺法需要注意的问题就是，地面必须找平，否则脚感差异很大，而且还会有声音。

对于多层实木地板来说，最佳的铺装方法就是：在地面上先铺上2.5mm厚的铺垫宝，然后再铺防潮垫，最后再铺上多层实木地板。铺垫宝的作用主要是平衡地面、防潮和增加脚感，而且还有静音的作用。

为解决实木地板吸潮、膨胀、变形的问题，可采取以下方法：

即一般采用"三油两毡"（三层沥青两层油毡纸，再往上面抹一层水泥，阻止有害气体释放）法；再简单一些的处理方法是铺一层防潮膜。

为解决板块膨胀变形问题，或在龙骨上加一层毛地板；或在板块间留有0.2mm宽的缝隙；或在墙边地板的伸缩缝内设弹簧；或采用铝合金龙骨；或采用轨道式木地板安装方法；或几种方法兼而用之。

板块防潮处理方法有：在背板企口处涂漆、涂蜡，在板面覆铝箔或塑料等。

23. 怎样防止实木地板松动和起拱？

实木地板具有色泽宜人的生态效果，脚感好，故适用于家居地面面层。条形实木地板常因选材不当或施工不规范而产生局部松动或起拱，脚踩上去有响声，有回弹，影响使用功能和装饰效果。怎样防止实木地板松动和起拱？具体措施是：

（1）选材：木搁栅以红松为宜，搁栅的长度应比房间的宽度短 40～50mm。企口条形地板宽度不宜大于 100mm，长度一般为 450～1500mm，要按房间的实际长度配制，其厚度应符合设计要求。木地板材料应采用具有商品检验合格证的产品，其类别、型号、适用树种、检验规则及技术条件等均应符合现行国家标准实木地板的相关规定。

（2）防潮：木质地板面层不宜用于长期潮湿的地面上，如用于底层地面，对基层和墙身应做防潮处理。

（3）四周靠墙留缝：铺钉企口实木地板的端头必须在搁栅的中心，用专用地板钉，钉的长度不得小于 40mm，从企口凸出的阴角斜钉入木搁栅中，如图 2-7 所示。

先从一面靠墙边开始铺第一块板，离墙空出 10mm 缝隙，靠墙用木楔钉紧，如图 2-8 所示。

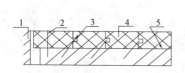

图 2-7　企口实木地板铺钉方法
1—内墙面；2—直钉；3—斜钉；
4—企口实木地板；5—木格栅

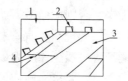

图 2-8　实木地板沿墙面
留缝示意图
1—内墙面；2—木楔；
3—木地板；4—标准线

靠墙留置缝隙的作用有三：一是将墙体与木地板隔开，防止墙上的潮气进入木地板而使木地板变形；二是给木地板伸胀留有余地；三是使木地板底的空气能够流通。

企口木地板铺钉就位后，先在搁栅面上涂刷胶粘剂，随即将地板钉牢，使地板与搁栅之间粘合牢固，确保相邻两块板的高度差不得大于 0.5mm，板与板的缝隙不应大于 0.5mm。

24. 拼花木地板如何铺贴才能使拼花不走样？

（1）材料要求

1）面层板材。面层宜选用耐磨、纹理美观、不易变形、不易开裂的优质木材。如水曲柳、核桃木、柞木、枫木、柚木等，含水率应控制在 12% 以下。其常用规格有多种，厚度一般为 18～23mm，但薄地板为 5～10mm，宽一般≤50mm，长一般≤40mm。

2）胶结料。薄木地板主要是用石油沥青胶结料粘在水泥砂浆或混凝土基层上。沥青胶结料是用 10 号或 30 号建筑石油沥青配成的沥青胶。

（2）面层施工

1）单层粘贴式木地板。单层粘贴式木地板是在沥青砂浆或水泥砂浆层上，用热沥青或其他胶结料将硬木面层板直接粘贴于地面上。

①铺贴前应先清理基层，对水泥砂浆面层或细石混凝土基层，要求其表面平整、坚硬、无起砂现象、无油脂等杂质，且比较干燥，否则应做适当处理。

②基层处理后，宜在找平层上刷冷底子油一道，并将木板条浸蘸沥青，浸蘸深度为板厚的 1/4。同时在冷底子油层上涂刷热沥青一道，要求涂刷均匀，厚度≤2mm，随涂随铺。

③铺贴应自房间中心开始，按设计图案向四周铺贴，如有镶边设计应先镶贴房边部分。铺贴时，应随时将溢出胶结料去除擦净，待胶料凝结后方可对面层板进行抛光和砂纸打磨。

2）双层拼花木地板。双层拼花木地板是采用短板条和企口拼缝，且通常设有镶边；当下层毛地板铺钉好后，按设计图案弹线分格，并做试铺。在面板与毛板间宜加一层防潮卷材，起防潮和隔声作用：

①铺钉时要用企口对接，硬木拼花地板拼缝应≤0.3mm。用暗钉法将面层与毛板连接。一般钉两颗圆钉，当板长超过300mm时，可适当增加钉数。

②铺钉完工后即进行抛光和打磨，抛去厚度应小于1.5mm，砂纸打磨要求光平。

3）硬木拼花地板。硬木拼花地板是用比较短的小木板条，通过各种组合形成拼图案：

①弹线。弹出房间中心线和镶边的边框线，弹出拼木地板的型板方格线，注意方格要正。

②粘贴：

a. 粘贴剂除沥青胶外，常用的还有：聚醋酸乙烯乳液、环氧树脂、氯丁橡胶型和合成橡胶溶剂型等。工程上也常用PAA胶粘剂、8213型胶粘剂或108胶水泥浆等。

b. 粘贴宜从中心开始。基层和木板背面应同时涂胶，按室内温、湿度情况，将板晾置一会儿，然后将木板条按压在地上。在后边的块紧靠前边块时应用木锤垫木块进行敲击。

c. 撕牛皮纸。硬木拼花地板常用牛皮纸粘结成不同尺寸的方正板。撕牛皮纸前应用水使之湿润，浸水以表面不积水为标准，约过0.5h左右，即可将牛皮纸撕去，注意用力方向应平行地面。

d. 表面处理。待粘贴剂硬化后，可对整个面层顺着木纹方向进行抛平磨光，然后用砂纸磨光。待房间内所有的装饰工程完工后，可用透明的清漆刷2~3遍。待漆膜干燥后用地板蜡打磨。

25. 如何避免实木地板被踩响？

实木地板被踩响是常有的问题。分析实木地板被踩响的原因，首先要看发出的声音是怎么响的？如果某个地方踩一下响一下，再踩再响，连续如此，那肯定是木地龙与地面地木榫之间没有固定牢，或者木榫材质太软吃不上力，被地龙拉起来所致；若是某个地方踩上去有时会有声音，有时没有，这种情况大多是地板钉小于实木地板的钻头孔之故，是地板雌雄槽之间有松动空隙所致。

处理地板有响声的问题很麻烦，即使费劲处理后也只可缓和一下问题，不能根治。要根治只有一个办法，即重新紧固地龙，重装地板，这样费工又费料。

要使铺设的实木地板彻底避免被踩响的问题，就要在安装地龙和地板之前，注重以下施工工艺和方法，地板才不会发出踩响声，具体方法是：

（1）安装地龙前一般都用12mm的电锤钻头打孔，这时，起码要用18～20mm以上的方形木榫砸实才可用，木榫不能轻松就被打下，不然，过几天木榫干燥收缩就松了。另外，木榫材质要比地龙的材质硬，木材硬收缩力则小，地龙就不容易把木榫弹拉上来，才能保持稳固性。

（2）有的一个房间地面水平高差好几公分，这时木工在地龙骨下会垫一些斜木塞或三夹板之类，保证地龙水平，凡垫高2.5mm以上的地龙之间，一定要打上短地龙以相互固定，防止地龙左右摆动，以保证地龙平整牢固。

（3）安装实木地板钻孔时，孔径一定要比地板钉小，这样地板才能吃紧。墙面四周预留1mm以上的地板收缩缝，以免气候变化或地板含水率不符，膨胀起拱。

26. 厨卫间内墙贴砖与地面贴砖如何巧对缝？

厨卫间内墙面贴砖时要与地面砖一并考虑，统一策划。为达到地面砖与墙面砖对缝的效果，内墙砖与地面砖优先选用在同一个方向上的相同尺寸，地砖采用方形规格；若不能实现则尽量选择墙砖水平方向上的尺寸与地砖尺寸互为整数倍。例如：墙砖水平方向上为200mm，地砖宜选择200mm×200mm或100mm×100mm，只有这样才能达到对缝的效果，如图2-9所示。

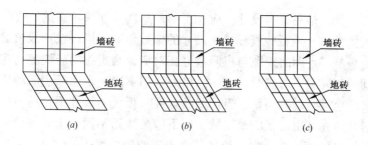

图 2-9 厨卫间墙面砖与地面砖对缝排列

(a) 墙砖与地砖宽度相等；(b) 1 块砖与 2 块砖宽度相等；
(c) 2 块砖与 3 块砖宽度相等

　　然后根据房间的大小，进行内墙砖的排砖设计，在设计过程中应做到：

　　(1) 尽量不出现或少出现大半砖，不出现小半砖，在门旁及窗旁位置应保持整砖。如果按原图房间设计尺寸不能达到二次设计要求时，在保证门窗洞口尺寸的前提下，可在维护结构施工中对门窗洞口的位置进行适当调整。

　　(2) 为了达到地砖排活的效果，在进行二次设计时，排砖要与安装相一致，在安装管道前，预留洞口时要考虑周全，如确定地漏的位置时，应使其居于地砖的正中。

　　(3) 在原图设计的基础上，小便器隔板的安装应与墙砖缝吻合。

　　(4) 大便器蹲台的砖缝尽量与地面砖缝对齐，若不能实现，蹲台的立面砖缝要与地面砖缝对齐，蹲台平面地砖以大便器中心线为基线向两侧分，使整体蹲台贴完砖后达到以每一个大便器为一个小单元的效果。

27. 室内楼地面板块排列有什么要求？

　　室内楼地面铺贴板块，首先需在维护结构施工前依据图纸设计将维护结构的线施放准确，同时对所有的纵横线进行找方，并将偏差严格控制在允许范围之内。

其次是在二次设计时应先走廊后房间。如果走廊的宽度为板块材料（地板砖或石材）尺寸的整数倍时，可以设计成整数块板材，走廊的缝隙与房间最好相对应；当走廊的砖缝隙与房间的砖缝隙不对应时，应在门口处采用不同于走廊及房间的板块颜色进行过渡调整。当走廊的宽度与板块的尺寸不是整数倍时，应先算出需要的整块数，剩下的余数用不同于走廊颜色的板块（楼面、地面黑色较多）为走廊两侧加黑边，但是，黑边的宽度不宜大于主板块材料的1/2，最好控制在100~150mm范围内。

房间地面的地砖设计也可采用上述同样的方法。

由于一般建筑物的走廊较长，在长向方向不能是整块板材时，应用局部增加小条的方法来解决，小条不宜相邻，而是要相互间隔一块整砖，形成错落有致的效果，如图2-10所示。

要求小窄条不宜过大，一般在100~150mm之间，但小窄条与大板块的色差要大，这样才更明显。

再次，当楼地面采用板块材料时，踢脚板也应采用板块材料，踢脚板的长度与板块长度相等，踢脚板的板缝与地面板材板缝相对应。在阴阳角及框架柱突出墙面处，楼地面黑边应割成45°角，角缝应与阴角或阳角相对，如图2-11所示。

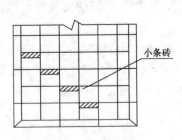

图2-10　走廊长向方向增加的小条砖

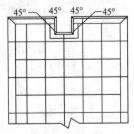

图2-11　角缝与阴角或阳角相对示意

28. 整体地面分格缝留置有什么要求?

整体地面分格缝的留置，一般说来比较灵活，但也很有讲究。在二次设计时，整体楼地面的分格要先确定两边黑边的宽度，其尺寸一般为 100 ~ 200mm，具体尺寸根据走廊的宽度而定。黑边的宽度确定以后，再根据走廊的宽度进行分格，分格宽度一般控制在 900 ~ 1200mm 范围之内，分成的格一般接近正方形，格的长宽相差不宜过大。在框架或框剪结构中，为防止结构受温差的影响而产生裂缝，应该在走廊的框架部位设置双条。当框架柱的柱距超过 6m 时，还应在两柱之间设双条。房间的楼地面设计时，应先确定黑边的宽度，分格尺寸的设计同走廊处设计，所不同的是双分格条的留置。如果房间较大，应在框架的中心设置双条（铜条或玻璃条），以免由于结构变化而引起的地面裂缝。对于高级水磨石地面走廊大厅处的楼地面，也可根据业主或施工单位提出的较有意义的方案，在楼地面上设计一些图案，使水磨石地面更具特色。

29. 碟彩石地砖铺贴有何技巧？

碟彩石地砖是一种新型的建筑材料，在家居及公共场所室内地面工程中的应用呈越来越广泛的趋势。

（1）碟彩石地砖的规格特点

1）其规格一般有：300mm × 300mm × 2mm；300mm × 300mm × 3mm；450mm × 450mm × 3mm；600mm × 600mm × 3.5mm 等。

2）适用于家居，也适用于公共场所。

3）室内新旧混凝土与水泥砂浆地面刮铺厚度为 2.5mm，水泥基自流平砂浆找平垫层，24h 后，即可用 PVC 地板胶铺贴碟彩石地砖，PVC 地板胶粘结碟彩石地砖，施工速度快，粘结牢固。

4）水泥基自流平砂浆、界面剂和碟彩石地砖均为系列产品。施工过程中使用的主要建筑材料和施工专用工具在市场上都有成品销售，且各种建筑材料都属高档品，包装上都有使用说明及注意事项。

（2）施工工序

清扫、冲洗基层→滚刷界面剂→刮铺自流平砂浆→刮铺PVC地板胶→铺贴碟彩石地砖。

（3）施工技术要点

1）地面基层经检查，满足平整、无裂缝、不起砂的要求，即可滚刷混凝土界面剂。界面剂呈白色乳状，滚刷应薄、厚均匀。

界面剂滚涂1~2h后，即可刮铺水泥基自流平砂浆。将水泥基自流平砂浆倒入容器中并加水，用电动搅拌器搅拌均匀。倒在地面上用齿刮板刮平，再用消泡滚筒滚压。要求厚度为2~5mm，并保证均匀。自流平砂浆可施工时间为搅拌后30~40min。

2）刮铺水泥基自流平砂浆5~10h后可在地面上行走，1~2h后即可刮铺PVC地板胶。将地板胶摇匀，然后倒在水泥基自流平砂浆面层上，用齿刮板刮平，再用消泡滚筒滚压，以保证其均匀。

刮铺PVC地板胶1h后铺贴蝶彩石地砖。首先确定铺贴起点和方向。铺贴原则：起点和方向既要保证每块地转的设计位置，又要保证技术工人铺贴时脚不睬在地板胶上。

3）铺贴顺序：一般是由外向内、由高向低铺贴，铺贴后用橡皮锤敲击，用齿刮板挤出气泡，使其粘结牢固。需要裁割时用壁纸刀即可。

质量要求：粘结牢固、不翘边、不脱胶、无溢胶；表面洁净，图案清晰，色泽一致，接缝严密、美观。

（吴国栋）

30. 怎样预防地面砖起拱、开裂？

地面砖起拱、开裂的现象比较普遍，新铺不久的地面发生过，就是使用几年甚至十几年的地面也时有发生。

（1）地面砖起拱、开裂的原因

1）气温是催化剂。特别是在冬季，房间因使用空调或暖气，引起温度变化，地面砖受热不均，造成地面砖局部热胀冷缩，从而引起地面局部起拱、开裂。

2）施工方法不正确。铺贴地面砖时，基层没有清理干净，表面有泥浆、浮灰、杂物、积水等隔离性物质；基层强度低于M15，施工前又不浇水湿润；粘结层水泥砂浆没有严格配合比，强度不足；地面砖未经充分浸泡；铺贴时水泥砂浆未满涂地砖，砂浆找平层厚度不均匀；木锤敲击次数不够。

3）伸缩缝未预留或预留不足。"缝越小越美"的理念，使得很多人在铺贴地砖时为美观而无缝拼接。这种"无缝拼接"的方式恰恰忽略了万物热胀冷缩的特性，当温度变化时因热胀冷缩而起拱、爆裂。

4）选材不当。地面砖外观尺寸不规整，配制砂浆没有使用优质水泥或砂子未精选，粘结层的"热胀冷缩、湿胀干缩"导致地面拱起、爆裂。

（2）地面砖起拱、开裂的预防措施

1）选材。购买地面砖时，首先应向经销商索要产品合格证和检测报告，合格的地面砖平整度误差小于0.5%，边角误差小于6%，周边尺寸偏差小于2.5mm，并选择无色差的，未见色彩差异即可，水泥要使用优质水泥，砂子要使用经过过筛的中粗砂，并严格按1:2配合比。

2）选时选温：铺设地面砖时，最好选高于10℃以上室温时，保持恒温。

3）施工：

①铺设前现将基层凿毛，深为5~10mm，清扫浮灰、砂浆、杂物。

②弹线：在地面上弹出与门口成直角的基准线，并按1~5mm预留砖缝试摆，以保证门口处为整砖，非整砖尽量排在阴角处，或铺在家具下面，以保证良好的铺贴效果。

③浸砖：铺贴前，将地面砖用清水浸泡2~3h以上、阴干。

④铺贴地面砖要从中心向四周扩展，与墙体之间留有足够缝隙，将准备好的砂浆饱满地抹在地面砖的背面，并用橡皮锤

或木锤敲实，用水平尺校正，高差不大于 1mm，平整度不大于 2mm，随即擦净表面残浆。

⑤搓缝：铺贴完后用白水泥搓缝，随后用棉丝擦净表面。

⑥保养：地面砖铺贴完毕，不要急于上人走动，更不能在上面推车，避免因砂浆未凝固造成地面砖松动。

总之，地面砖开裂形式多种多样，原因也极其复杂，有物的因素，也有人的不良行为。预防措施是精心选材、科学施工、合理养护，这样才能有效地防止或杜绝此类现象的发生。

31. 怎样防止供暖期间砖地面起拱？

每年供暖期开始后，砖地面常常出现起拱的问题，这种现象往往发生在工程交工使用后 3～4 年内，起拱的部位通常在室内的中心，而且起拱的面积大，起拱的高度一般在 1～2cm，个别地方甚至达到 4cm。由于暴露时间与施工期间隔时间过长，在市场上很难找到同花色品种地砖，给修复工作带来很大困难。

（1）原因分析

出现以上质量问题的工程普遍存在一个问题，就是施工人员在铺设结合层砂浆时，违反施工工艺，使用普通水泥砂浆，砂浆中含水率过高，瓷砖铺完后，水分上浮泌出，在砂浆与瓷砖之间形成隔离层。待水分蒸发后，被一个个相互气泡所填充，气泡所占面积不大，一般不会出现大面积空鼓。但到了供暖期，室内外温差变化较大时，气泡遇热膨胀，气体的膨胀性远远大于固体瓷砖的膨胀性，气泡膨胀，相互贯通，致使瓷砖大面积拱起。

（2）防治措施

要严格按施工工艺操作，在铺设水泥砂浆层时，应使用干硬性砂浆；考虑气体及瓷砖膨胀的因素，应当为其释放应力留有余地。具体措施如下：

1）在地面与墙体交接处加设聚苯板膨胀条，如图 2 - 12 所示。

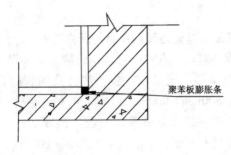

图 2-12　供暖期间地面与墙体交接处加设聚苯板膨胀条

2）大开间、大跨度房间如会议室、多功能厅等铺地砖时，取不大于 6m 留设分格缝。缝宽取 1cm，缝底部加设聚苯板膨胀条，上部用水泥砂浆勾缝，如图 2-13 所示。

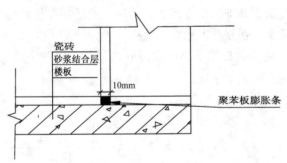

图 2-13　供暖期间大开间砖地面留设分格缝

3）采取不勾缝或先用风化粗砂扫缝、面层水泥砂浆勾缝的技术措施。

4）对已起拱的地面，可采取以下措施进行修复：先用云石锯沿瓷砖缝割开，将瓷砖起下。起砖时，一定要小心仔细，防止瓷砖损坏，然后在水泥砂浆结合层上凿毛（剔凿深度在 2mm 以上），用 1:1 水泥砂浆加水重 20% 建筑胶铺贴瓷砖，养护至要求的强度。

（孙德胜）

32. 台阶面层抛光地砖钻孔有何新方法？

有些工程装修设计有砖砌台阶，台阶面层铺贴有抛光地砖；抛光地砖质地坚硬、光泽度优良；在公共场合的台阶面层砖，一般规格采用800mm×800mm×12mm的抛光地砖，台阶两边设计有不锈钢扶手，扶手立管根部与台阶预埋铁件为焊接，焊接时，在台阶面层上需要钻4个直径为76mm的圆孔，为了保证钻孔位置的准确和面层不被破坏，采取了先铺贴台阶面层砖、然后再钻孔的施工方法，其施工方法如下：

（1）选一块宽120mm、长900mm的废旧复合木地板，在距木地板短边一端138mm和木地板长边中线相交处画十字线，以十字线中心为圆心画直径为76mm的圆，如图2-14所示。

以此圆为基准，用手持式工具钻（水钻）安装直径为76mm的薄壁钻头，在复合木地板上钻孔。

（2）台阶面板用干硬性水泥砂浆铺贴，铺贴完成后，在台阶面层钻孔处画十字线，如图2-15所示。

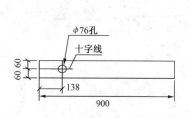

图2-14　复合木地板钻孔平面　　图2-15　抛光地砖台阶面板
钻孔平面位置

在养护7d后钻孔，钻孔时，把钻过圆孔的木地板铺放在台阶面板钻孔处，实木地板的十字线和台阶面板上的十字线重合，双脚踩住木地板，用手持式工具钻加水钻孔即可。

这种做法不仅简便，而且能保证钻孔位置准确和面层地砖不被破坏。

（吴国栋）

33. 石材废条如何巧利用？

水泥砂浆面层楼梯踏步缺棱掉角是一个质量通病，影响使用功能和观感效果。产生的原因主要是在施工过程中，过早行人和重物碰撞，楼梯护角保护不力，养护不到期或施工质量把关不严。

如果埋设 $\phi6 \sim \phi8$ 钢筋骨架和小角钢等做楼梯踏步护角，能起到较好的效果，但会增加工程成本。如果把石材装饰过程中切割剩余的废条用在楼梯踏步护角上，不仅不增加工程成本，而且通过工程应用，达到了既美观又耐用的装饰效果。

首先要将那些不规则的石材废料收集起来，选用同一种颜色的花岗石条，切割成等宽的长条用于楼梯护角，保证颜色规格一致。具体施工方法如下：

（1）清理基层：先将现浇楼梯混凝土面层的水泥灰痂和浮灰清扫干净，用 C20 细石混凝土找平。

（2）弹线找方：楼梯踏步高宽应符合设计要求，踏步应做到横平竖直、宽窄一致。然后将收集的石材废料切割成 60 ~ 80mm 宽的窄条，用 1:2 的水泥砂浆镶贴在楼梯踏步的阳角边上，根据踏步设计宽度每边留 200mm 宽度即可。待粘贴石材条达到一定强度后，即做水泥砂浆面层，使花岗岩石材条嵌入踏步护角部位，如能把石条外侧倒边做成半圆形则更显美观。

（3）镶嵌石材条前，踏步应拉线找平，斜边和每一踏平面角都必须拉线坐浆镶贴，并控制好水平和标高，做到每级楼梯踏步高宽一致、边角整齐。

石材条埋设长度可根据用户要求自行调整，可以沿楼梯踏步宽度设置到边，也可以离边 200 ~ 300mm，即护角石材窄条长度不大于楼梯宽度 L，护角石材条为毛面和拉丝条更好，既美观又可代替防滑金刚砂条。

（4）护角花岗石或大理石石材条外侧可以稍作打磨变成圆角，也可不作处理，做成齐边。

（5）装修好石材条护角和用 1：2 水泥砂浆抹面压光的楼梯踏步，只需要养护 2～3d 就可以上人通行，绝对不会缺棱掉角，如图 2-16 所示。

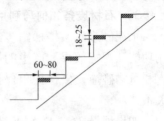

图 2-16　石材废条踏步护角示意

石材边角料的利用不仅可以做成楼梯踏步护角，还可以用来作铺路石、钢筋混凝土垫块（保护层）等，其粉末也可做混凝土和砂拌和材料。

（卢光全　包超）

34. 饰面砖下脚料如何巧利用？

利用饰面砖下脚料铺贴人行道、大柱面、楼梯踏步上面及侧面，效果都很好，美观、耐用、节省材料费。下面介绍利用饰面砖下脚料的几种方法：

（1）碎拼大理石板人行道。下脚料因为其不规则性，所以就不能要求路缝整齐划一，其不整齐性反显其自然之态。先在人行道两侧，将路边混凝土条块砌好，然后做基层，在基层做完后碎拼大理石板块，做法与整铺方法基本相同。

（2）碎拼瓷砖柱面。大截面柱可利用不同大小规格的不成型的、不同颜色的下脚料来镶贴，镶贴前先将柱的四个大角用条形宽约 100mm、长 600～800mm 的瓷砖镶贴好，然后再在柱内镶贴，镶贴方法与整贴方法基本相同，柱内镶贴碎瓷砖从上往下，不分段，乱缝。镶贴后，用棉丝布擦去表面砂浆，露出各种瓷砖颜色和大小不同的块体，看起来也很美观。

（3）瓷砖下脚料楼梯踏步：因踏步上面面积不大，可利用下脚料较宽的瓷砖整拼贴。立面用整宽条或碎拼贴均可。拼贴的方法同上述方法基本相同。

（王春）

35. 机制纯毛地毯铺设有何讲究？

机制纯毛地毯铺设施工指满铺施工工艺。其铺设技巧有：

（1）裁剪地毯。用裁边机按房间尺寸和形状裁剪，每段地毯的长度要比房间长度稍长20mm左右，宽度要按计算裁剪。

（2）钉木卡条和门口压条。木卡条和门口压条可用螺丝钉、射钉和钉子固定在基层上，木卡条（即倒刺板）应沿房间四周距墙角1~2mm布置。

（3）接缝处理。地毯是在背面接缝。接缝时将地板反过来，两边平接在线缝上，再刷白胶，贴上牛皮胶纸，也可用胶带接缝，先将胶带按地面弹出的线铺好，并固定两端，然后将地毯的两边分别压上，再在其背面的无胶面上用电熨斗熨烫。其接缝正面用修葺电铲修齐。

（4）铺接。用张紧器前，先将地毯的一边固定在带钩的木卡条上，应留出10mm左右的沿边量。张紧时将地毯分别向纵横两方向逐段推移，使之拉紧。推力大小应控制适当。张紧后地毯四边应全挂压在卡条或铝合金条上，并加以固定。

（5）施工注意事项：

1）在墙边的踢脚处以及室内各种突出物处，可在铺设前先大略地按方位尺寸剪去一部分，在铺设后再精细修整边缘，使之吻合胶贴。

2）地毯拼缝应尽量小。为了不使线缝露出，可用张紧器将地毯纵向张平后再接缝。

36. 楼梯地毯铺设操作有何讲究？

楼梯地毯铺设，因其边角多、块面小，不同于大面地面铺设，铺设时要有所讲究才是。

首先要测量楼梯台阶的断面尺寸，以估算所需地毯的用量。裁剪时应留出一个台阶断面尺寸的余量，约45cm，以便可转移挪动易受损的位置；如果选用的地毯是没有衬垫的，那么应该另外采用垫料，一则可提高耐磨性，二则可吸收噪声。

其次在铺设方法上，要按如下步骤进行：

（1）将衬垫材料用地板木条分别钉在楼梯阴角两边，两木条相距15mm左右。

（2）用地毯角铁钉压板与踏板所形成角的衬垫上。因为角铁正侧有突起的抓钉，故能不露痕迹地将整条地毯抓住。

（3）铺毯从最上一阶开始，将地毯的上端翻起在顶阶的竖板上钉住，然后用錾子将地毯压在第一套角铁的抓钉上。把卷着的地毯拉紧包住梯阶，沿竖板而下，在楼梯阴角处用錾子将地毯压进阴角，使地板木条上的抓钉紧紧抓住地毯，然后再用錾子将地毯压在第二套角铁抓钉上。这样重复以上过程，一直铺到最下一阶，将多余的地毯向内折翻，用钉子钉在底阶的竖板上。

（4）如果所用地毯已有海绵衬底，那么就可以用地毯胶粘剂代替角铁。将胶粘剂涂抹后即可粘贴地毯，铺设时以事前找出的绒毛最光滑的方向向下铺贴。在梯阶阴角处用錾子敲打，使地毯被地板木条上的抓钉紧紧抓住。

（5）在每阶压板、踏板转角处，要用不锈钢螺钉拧紧铝角防滑条。

第三章　涉水房间防渗漏工程

1. 预防管道穿越楼板处渗漏水有何新方法？

在新建工程或旧楼房卫生间更换管道时，均须先在楼板上预留孔洞或事后钻孔打洞，然后再安装各种管道及卫生器具，最后堵塞孔洞。由于堵塞时所用的混凝土凝固收缩，往往留下渗漏水的隐患。虽已做过防水层，但长时间后，仍不免会有水从孔流入，发生渗漏影响使用。

在管道就位堵洞时，有的先在楼板的洞口处刷一层水泥素浆，再填塞细石混凝土，但效果并不理想。尤其是旧楼房更换管道时，由于新旧混凝土的结合不密实，也会发生渗漏，即使采用堵漏灵从楼板下面堵塞，还是救急不治本。

现介绍一种简便的方法，即可从根本上解决这个问题。

（1）管道及配件安装就位后，清除浮尘和残渣，在楼层下用细铁丝把托板将要堵塞的孔洞托住并绑扎牢固；

（2）用水浇湿洞口处，然后用细石混凝土浇筑密实，混凝土中按 1:0.2（重量比）加入石膏，搅拌均匀，最后抹平即可。

由于熟石膏具有膨胀性，水泥是胶粘剂。在以后的养护时间里混凝土得以凝固，不但不收缩，反而会膨胀，将细小缝隙堵得非常严密，就不会再发生渗漏的问题了。

2. 卫生间结构板裂缝渗漏如何巧处理？

卫生间结构板产生裂缝的原因，往往是由于施工方法不当、拆模过早或温度变化导致结构板开裂而造成的。

处理这种渗漏的最有效、最省力的方法是：将结构板上部清理干净，找出裂缝。顺着裂缝凿出一条宽 40mm、深 20mm 的 "V" 形槽，用毛刷刷干净，再用环氧树脂的 A、B 组分，按要求配好，将其灌入"V"形槽内。待树脂反应固化后再试水观察，如果不漏，可接着在更大范围面积上涂刷两遍防水涂料即可解决问题。

3. 卫生间结构中铁丝、铁钉生锈导致渗漏如何巧处理？

在卫生间结构施工时，由于此处底板比周边结构低，模板安装时支撑困难，操作人员往往采用钉铁钉、拉铁丝的方法固定周边的模板，一般称为"吊模"。在混凝土硬化后，铁钉、铁丝往往拔不出来而直接剪断，在短时期内，因混凝土中的铁丝、铁钉未生锈而不会发生渗漏，时间长了则会因其生锈产生水路而渗漏。

处理这类的渗漏比较简单。因这类的漏点位置明显而且集中，不必从结构板上部凿槽修补。只要从底板下面反凿一个小洞，把混凝土中的铁丝、铁钉凿出并清理干净，用快速堵漏灵掺一些水，并以手试之，当手感有热时，迅速用堵漏灵堵住小洞即可。这样修补的效果好，操作简单方便，修补费用也不大。

4. 为什么说采取设置不同的标高可有效预防卫生间渗漏的发生？

卫生间渗漏是防水工程质量通病。尽管采取过很多预防措施，但总是防不胜防，使用后说不定从哪会冒出水来。现介绍通过采取设置不同的标高来减少渗漏的方法，效果不错。

（1）卫生间、厨房、阳台门口处，防水高度要与相邻拉毛地面持平。

（2）卫生间、厨房、阳台地面砖上平，要比客厅、餐厅的拉毛面低 10mm。

（3）卫生间、厨房地面砖甩顶，防水保护层要比客厅、餐厅的拉毛地面低 40mm。

（4）阳台地面砖甩顶，防水保护层要比卧室拉毛地面低 40mm。

（5）阳台地面砖的上平，要比卧室拉毛地面低 10mm。

（6）卫生间找平层须压光且密实，无砂眼、无起皮现象，如图3-1所示。

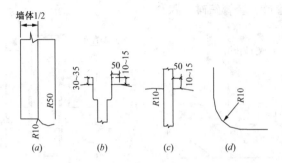

图3-1 卫生间防水层及找平层构造做法

（a）门口阻水台做法；（b）地漏细部做法；

（c）管根细部做法；（d）平面与立面节点做法

通过上述不同标高的设置即可有效解决卫生间地面渗漏问题。

（温华全）

5. 卫生间防渗漏有哪些小窍门？

卫生间发生渗漏很普遍。现针对卫生间不同部位和具体情况介绍几种预防渗漏的小窍门。

（1）卫生间墙体除门外，由楼板向上做一道高度不小于200mm的素混凝土翻边，且与现浇混凝土楼板一起浇筑，如图3-2所示。

（2）楼板上的预留孔洞位置应准确，在安装时严禁乱凿洞。

（3）穿过楼板的管道应设置钢制套管，套管底部要与楼板齐平，套管顶部应高出装饰地面50mm，如地面为粗装修，要按设计装饰地面厚度将套管高度预留出来。套管与管道之间的缝隙用沥青麻丝填实、防水密封材料封口，如图3-3所示。

（4）浇筑现浇板预留洞与管道套管间缝隙的灌浆料时，板底模板应支设牢固、严密；浇筑材料采用流动性较大的灌浆料，并加入适量的（水泥用量的5%）微膨胀剂。灌浆料终凝前，严禁对管道、套管磕碰、踩踏。

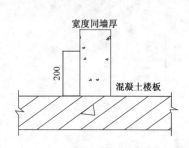

图3-2　素混凝土楼板翻边示意　　图3-3　套管顶部高出地面示意

（5）找平层施工时，管道根部、墙体与地面交接处做成圆弧，圆弧半径为30mm。施工时可用φ32的PVC管做成镏子来做圆弧。

（6）卫生间门口处做砂浆挡台，防水层做至挡台外侧，如有在门口进入卫生间的管道（如地暖供热管），应在砂浆挡台上面铺设，如图3-4所示。

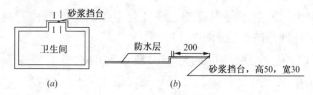

图3-4　门口处砂浆挡台示意图
（a）平面布置图；（b）1—1剖面图

（7）管道水平穿墙进入卫生间内，穿墙处要加设钢制套管，此套管应为预埋，若不能预埋，套管与墙体之间缝隙采用速凝型水不漏堵塞，并使之密实。

管道与套管缝隙用沥青麻丝填实，面层用防水密封材料封严，如图 3-5 所示。

（8）防水层采用刷涂或滚涂时，防水层做完后应采取保护措施，终凝前不得上人踩踏、不准进入下道工序施工。

（9）防水层应按照设计图纸和规范相关要求施工，并确保原材料质量合格、做法正确、厚度符合要求。

（10）防水层施工完毕后，要按规范规定要求做蓄水试验。

（11）在施工过程中，若严格实施上述预防措施，并确保施工质量，则很少会发生渗漏了。

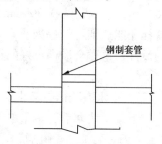

图 3-5　穿墙钢制套管示意

6. 涉水房间地漏与地砖结合处如何处理会更好？

（1）当地砖的尺寸较小时，如 300mm 左右，地砖与地漏的套割做法可采用图 3-6 做法：

（2）当地砖尺寸较大时，如 500mm 以上时，可先在大砖正中嵌套一块小砖，如图 3-7 所示。

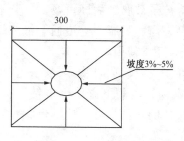

图 3-6　小尺寸地砖与地漏
　　　　的套割做法

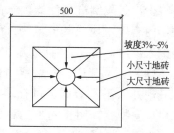

图 3-7　大尺寸地砖与地漏
　　　　的套割排水做法

大砖中间的小砖的套割可按图 3-7 所示进行处理。这样处理的好处有两个：一是地砖居中，美观；二是对角线割缝并找一定的坡度，有利于排水，满足功能要求。

（3）墙地砖对缝处理：为了达到墙地砖对缝的效果，地砖可采用方形规格，若不能实现，则尽量选择墙砖水平方向上的尺寸与地砖尺寸互为整数倍。例如，墙砖水平方向宽度为200mm，地砖宜选择200mm×200mm或100mm×100mm。只有这样才能达到对缝的效果。之后可根据房间的大小进行内墙砖的设计，这样会取得更好的视觉效果。

7. 下水道疏通有何小窍门？

下水道堵塞后，可采取如下疏通方法：

（1）压缩空气疏通法：找一台小型空压机，电源电压为220V。接通电源，将空气出口软管伸入被堵下水管内，开启空压机，利用强大的气流将堵塞物从管内冲出。如果用破布将其他未堵塞管口封上，疏通效果更明显。

（2）瓶子疏通法：厨房间拖布池堵塞，可用废弃的塑料瓶，瓶口朝下扣在管口上，用力捏瓶子，使污水上下翻滚，杂物会向上漂出。捞出杂物后继续抽吸，水流即会畅通，再用自来水冲洗干净即可。

（3）坐便器疏通法：若不慎将袜子掉进坐便器又无法取出，可将少许硫酸倒进坐便器内，待袜子被腐蚀后即可畅通。若坐便器内有碎木块或其他异物，可去商店买瓶"管道通"液，只需倒入少许，待几小时后即能恢复正常使用。

（4）开洞疏通：若堵塞物在横支管段内且物体较大，在采用其他办法不奏效时，可在堵塞物管段的下方用手电钻开孔，取出堵塞物后，用相同规格和颜色的管剖切开，按其形状预制成管半壳，再用专用胶粘剂粘结好即可。

（曹明生 林庆军）

第四章　抹灰工程

1. 外墙装饰装修工程的基层怎样处理？

在抹灰施工前，外墙基层处理包括架眼、螺栓孔、砌体透明缝、墙体开裂等部位的封堵以及防水等都至关重要，其不仅关系饰面层的牢固性、美观性，还涉及外墙防渗漏的使用功能。尽管外墙的砌体不同，抹灰基层的清理和处理方法各异，但是，认真操作，从严控制，满足下道工序要求都是一样的。

（1）基层清理

1）混凝土墙基层清理：将混凝土墙表面凸出部分剔平，将蜂窝、麻面、漏筋、疏松部分剔除到实处，用胶粘性水泥浆或界面剂涂刷表面，然后用1：3防水水泥浆分层抹平。将光滑的表面清扫干净，用10%氢氧化钠水溶液除去混凝土表面的油污，再用碱液冲洗干净并晾干待下道工序施工。

2）加气混凝土基层处理：对于松动及灰浆不饱满的拼缝或梁板下的顶头缝，用1：3水泥砂浆填塞密实，将墙面凸出部分剔凿平整，并将缺棱掉角处、坑洼不平处、孔洞处等用1：3水泥砂浆（掺20%建筑胶）分层补平，每遍厚度为5~7mm，待砂浆凝固后再用水湿润。

（2）对孔洞的封堵

1）脚手架眼的封堵：基层墙面应清理干净，清洗油渍、浮灰，墙面松动、风化部分应剔除干净，墙表面凸起物大于10mm时应剔除，对脚手架眼和废弃的孔应将洞内杂物、灰尘等物清理干净，浇水湿润，再用砖与砂浆或用混凝土堵塞严密，严禁用砂浆一次性堵满。堵密实后抹底子灰，与原墙面底子灰齐平。

2）剪力墙对拉螺栓眼的封堵：剪力墙模板工程多采用对拉螺栓（外加PVC套管）进行加固施工，在剪力墙拆模以后，留下的对拉螺栓眼，必须进行认真封堵，如果对此封堵不严会导致外墙渗水，给工程留下质量隐患。对此，可采取如下技术措施：

①首先把螺栓孔内的垃圾清理干净，凸出混凝土墙面的PVC塑料管打磨至与混凝土墙面齐平。

②在孔外侧粘贴100mm×100mm的防水卷材。

③拌制膨胀水泥浆料。将水泥（普通硅酸盐水泥）与"UEA"膨胀防水剂进行拌和，掺量为水泥用量的8%，拌和过程中掺入适量的水，应具有足够的良好的和易性（保证胶枪能够把浆料打出来且不发生流淌）。水泥浆料应随拌随用。

④在剪力墙内侧将拌制好的膨胀水泥浆用胶枪挤入对拉螺栓孔洞内，确保挤压密实。

（3）细部处理

1）在抹檐口、飘窗板、窗台、窗楣、阳台、雨篷、压顶和突出墙面的腰线以及装饰凸线时，要求底子灰与墙面一次成活（砂浆中要按一定比例掺加防水液），并做成流水坡度，高差应大于15mm，并按设计要求做好防水层，当设计无要求时应增加一道卷材或涂膜防水层，并将防水层上翻到墙面且不小于250mm。下面小于10cm的做成鹰嘴或滴水线，鹰嘴高差不小于15mm；大于10cm的做成滴水槽，滴水槽统一采用10mm×10mm铝合金U形条镶嵌，滴水槽的深度、宽度应不小于10mm，槽边距墙面宜为4cm，且在同一建筑物的端距应一致。

2）对于外围填充墙墙顶至框架梁底的斜挤砖部位，则应先铺贴一层宽为300mm的SBS卷材后，再抹灰。

3）上述墙体部位都是外抹灰防空鼓、防开裂、防渗漏的薄弱环节。只要在施工中认真清理、封堵，处理好细部，严格把好工序间交接验收关，即可有效控制外墙面抹灰质量通病发生。

（于存海）

2. 如何对清水混凝土墙面进行修补？

清水混凝土结构，因为节省抹灰且不会出现抹灰后空鼓和开裂等质量问题，还可以缩短工期、节省工程投资，在建筑施工中逐渐被广泛推广和应用。但在施工过程中，清水混凝土不可避免地存在蜂窝、麻面、表面翘曲、阴阳角不顺直等质量缺陷，使最终装饰效果很难与经过抹灰处理后的面层媲美，只能用于装修效果不高的工程。如果采用薄刮粉刷石膏工艺，对清水混凝土墙面的面层缺陷进行修补，那么，则会取得高级装修的饰面效果。

粉刷石膏本身又具有施工操作简便、施工速度快、粘结力强、不空鼓、不开裂、表面光滑细腻、与混凝土基层粘结牢固、涂抹薄厚均匀等优点，能够较好地解决传统的水泥砂浆抹灰存在的空鼓开裂、脱落等质量问题。

粉刷石膏材料分为面层型、底层型和保温型。一般抹灰较厚时先用底层型打底，留表面5mm再用面层型罩面。如果只是对混凝土表面进行修补，只用面层型即可。具体修补施工工艺办法如下：

（1）基层处理

1）基层清理，做到平整干净，无灰尘、无油污。

2）对基层的凹凸不平和空洞进行处理，做到基层平整、牢固。

3）抹灰前对墙面进行适量喷水湿润，但是明显潮湿的墙面和有水珠的墙面应该暂缓施工。

（2）配置浆料

1）粉刷石膏料浆配合比采用重量比。面层型粉刷石膏按水灰比0.4∶1备料，先将水放入搅拌桶，再倒入灰料，用手提式电动搅拌器搅拌均匀，搅拌时间为2~5min，使料浆达到施工所需要的稠度，静置15min后再进行第二次搅拌，拌匀后即可使用。

2）底层型粉刷石膏的配合比为水：粉刷石膏：砂＝（0.5～0.6）：1：1，先用水和粉刷石膏粉搅拌均匀，再加入石子，搅拌至合适的程度。

3）控制粉刷石膏层的厚度：施工前应将施工作业的墙面平整度量一遍；根据不同平整度采用不同的措施，当面层平整度≤3mm时，直接采用腻子找平即可；当4mm≤墙面平整度≤7mm时，可采用粉刷石膏面料找平；当面层平整度≥8mm时，应用粉刷石膏底料和面料分层抹平。

（3）内墙、顶棚变形的处理

变形缝位置的装饰处理，对室内粉刷效果的影响占有很大比重，变形缝的施工应在粉刷石膏刮平后进行，其具体做法，如图4-1所示。待粉刷石膏基层干燥后，即可进行腻子涂料施工。

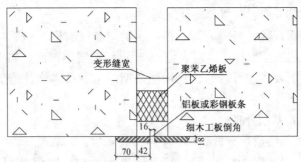

图4-1 室内墙面顶棚变形缝处做法

3. 如何巧堵外墙螺栓孔?

在高层建筑施工中，墙体采用大钢（木）模板施工时一般用φ34穿墙螺栓来固定大型钢（木）模板，拆模后留下的螺栓孔在外墙装饰的抹灰之前是要处理的。以往的做法是用手工捣堵水泥砂浆，质量难以控制，容易造成雨天渗水现象。为了克服这一质量通病。可用塑料管制作一个外墙堵孔专用"枪"。

"枪"筒长＝墙厚＋80mm，两层10mm厚的橡胶板做活塞，ϕ6钢筋做推杆。具体操作方法如下（图4-2）：

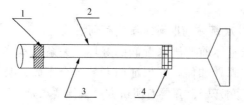

图4-2 外墙专用堵孔"枪"示意
1—橡胶活塞；2—塑料"枪"筒；
3—ϕ6钢筋；4—木塞

（1）把枪的活塞抽出一部分，然后将"枪"对准灰桶内的1:2内掺8%膨胀剂的水泥砂浆（砂浆的稠度控制在50~60mm）插捣数次，使"枪"筒内灌满砂浆。

（2）将"枪"口对准墙面上的螺栓孔推动活塞杆注入水泥砂浆。

（3）等30~40min水泥砂浆初凝后，用直径同"枪"筒的木棍二次捣实，外面再抹灰。

（郭树增）

4. 如何喷好大体积混凝土面的素水泥胶？

大体积混凝土的表面过于光滑，基层如果处理不好，抹灰极易出现空鼓现象。如果采取喷素水泥胶的方法，则可以解决这个问题。具体方法是：

（1）把108胶和水按3:7的体积比搅拌均匀，再掺入水泥后拌和，胶的用量为水泥用量的15%左右。

（2）为到达拌和均匀的目的，可在电锤的废钻头上焊接一个顶端带圆圈的长柄，通电后在搅拌桶内抽插数次即可。

（3）把拌好的混合料装入喷斗或喷枪内，按喷涂工艺施工。

（4）待达到一定强度后即可抹灰。如果较长一段时间不抹灰，可稍洒水进行养护。这种处理方法简单，节约工时，加大了粘结面积，减少了空鼓率。

5. 对抹灰基体前期洒水湿润有何讲究？

对抹灰基体前期洒水湿润的好坏，关系到基体与抹灰底层灰的粘结牢固性如何。要保证两者的结合牢固，必须从前期对墙体洒水湿润开始，并要有所讲究。具体要求是：

（1）基体表面洒水的渗水深度，一般需达到 8 ~ 10mm 为宜。如 240mm 厚砖墙体需洒水 2 遍；常温下的外墙体也需洒水 2 遍。

（2）加气混凝土基体吸水速度慢，宜提前两天浇水，每天不少于 2 遍。

（3）室内抹灰时，宜在加气混凝土表面洒水湿润后涂刷界面处理剂，随即抹一层强度等级不大于 M5 的水泥混合砂浆。

（4）抹灰基体的浇水湿润程度，还与施工季节、天气状况及室内外操作环境有关，应根据实际情况适度把握才行。

6. 墙体抹灰加设钢丝网片有何讲究？

在抹灰工程施工中，钢丝网应放在抹灰层哪个部位？

在观点和做法上一直存有异议。一种观点是放在抹灰中间层，即先打底灰，再钉钢丝网片，最后抹中间层和面层灰。理由是为了提高抹灰层整体抗拉、抗裂能力，就像钢筋混凝土中的钢筋要设置在混凝土的中间是一个道理，只有放在抹灰层中间才能最大限度地提高抹灰的抗拉力。另一种观点则是将钢丝网片放在抹灰层的底层，即先钉钢丝网片，再抹底子灰，在抹底子灰时，可以将抹灰砂浆抹压进钢丝网片中，使钢丝网在基层打底的灰中，真正起到抗拉的作用。

从实践看，无论是先钉钢丝网片后抹底灰，还是先抹底灰再钉钢丝网片，抹灰层出现空鼓、开裂的缺陷仍然不少。细究其原因，可能既有工艺上的问题，也有操作上的问题，或者是材料及配比上的问题，还有可能是多种原因所致。

针对上述做法，只要对施工工艺和操作做法稍作改进，即可避免或少出现抹灰层的空鼓、开裂现象。具体做法是：

（1）在抹灰工艺上先钉钢丝网片再打糙，但是，钢丝网片不要用钉子钉，钉子容易使钢丝网片滑脱，而要用自制的铁丝和铁皮组合起来像图钉一样固定。首先将图钉尾部用胶水粘在墙上，图钉端部弯折将钢丝网固定。钢丝网片不要拉得太紧、太平整，让其处于自然松弛状态；网片与抹灰表面的距离以 5 ~ 15mm 为宜。这样抹灰的时候钢丝网片并不是紧贴墙面。而且由于钢丝网片没有经过预受力，张贴后也不会有太大的收缩。

（2）特别强调的要求是：钢丝网片不要漏贴，不同基体搭接宽度按要求不小于 300mm 左右；抹灰时一定要在墙体本身已经稳定，不再有可能发生形变的情况下进行。

（3）如果局部抹灰层厚度超过 35mm，仅仅靠钢丝网片在其中起抗裂作用是不可能的，必须另外采取加强措施才有效果。其他工序均要严格按规范、规程要求进行操作。

7. 怎样做好保温层滴水槽？

（1）保温层施工完后，根据设计要求弹出滴水槽控制线。根据有关规定：滴水槽的宽度和深度不小于 10mm，距外表面不小于 40mm。

（2）用壁纸刀沿线划开设定的凹槽。

（3）用抗裂砂浆填满凹槽，将滴水槽嵌入凹槽与抗裂砂浆粘结牢固，收去两侧沿口浮浆，滴水槽镶嵌牢固。

（4）要求滴水槽在一个水平面上，且与窗口外边缘的距离相等。

8. 分格缝及施工缝处装饰抹灰如何巧处理？

分格缝及施工缝处的抹灰是个薄弱的地方，需特殊处理。

（1）首先要将基层处理好。抹灰前基层表面尘土、污垢、

油渍等应清除干净，底子灰表面应扫毛或刮糙，经养护 1~2d
后再罩面，次日经验收合格后洒水湿润。

（2）面层施工前需检查中层抹灰的施工质量，为了保证饰
面层与基层粘结牢固，施工前应先对基层喷刷 1:3（胶水：水）
108 胶水一遍。

（3）面层抹灰

1）装饰抹灰面层有分格要求时，分隔条应宽窄厚薄一致，
粘贴在中层砂浆上应横平竖直，交接严密，完工后应适时全部
取出。

2）装饰抹灰面层的施工缝，应留在分格缝、墙面阴角、落
水管背后或是独立装饰组成的边缘处。

（4）抹灰厚度控制：装饰抹灰饰面的总厚度通常要大于一
般抹灰，当抹灰总厚度≥35mm 时，应按设计要求采取加强措施
（包括不同材料基体交接处的防开裂加强措施）。当采用加强网
时，加强网与各基体的搭接宽度不应小于100mm。

9. 装饰抹灰扒拉石怎样"扒"抹成型？

扒拉石是一种用钉耙子对罩面层进行扒拉的操作方法，扒
拉后的面层有一种细凿石材的质感。因为扒掉砾石的地方出现
一个凹坑，而未有砾石的地方有一个凸起的水泥丘。扒拉石面
层为水泥细石浆，细石以 3~5mm 绿豆砾为宜。一般采用贴分
格条的方法，水泥细石浆稍稠，一次抹足厚度，找平后用铁抹
子反复压实压平，并按设计要求四边留出 4~6mm 不扒拉处作
边框。扒拉时间以不粘钉耙子为准。

10. 装饰抹灰拉条灰怎样"拉"抹成型？

拉条灰时将带凹凸槽形模具在罩面层上下拉动，使墙面呈
现规则的细条或粗条、半圆条、波形条、梯形条等。面层抹灰
前，按设计弹墨线，用纯水泥浆贴 10mm×20mm 木条。或从上
到下加钉一条 18 号铁线作滑道，让木模沿直线滑动。罩面砂浆

按设计的条形采用不同的砂浆，操作时，应按竖格连续作业，一次抹完，上下端灰口应齐平。

11. 装饰抹灰假面砖怎样"假"抹成型？

假面砖是指采用彩色砂浆和相应的工艺处理，将抹灰面抹制成陶瓷饰面砖分块形式及其表面效果的装饰抹灰做法。

具体操作要点如下：

（1）彩色砂浆配置：按设计要求的饰面色调配制数种并做出样板，以确定标准配合比。

（2）操作工具及其应用：主要有靠尺板（上面画出面砖分块尺寸的刻度）以及划缝工具铁皮刨、铁钩、铁梳子或铁棍划出或滚压出饰面砖的密封效果。

（3）假面砖施工：底、中层抹灰采用1:3水泥砂浆，表面达到平整并保持粗糙，凝结硬化后洒水湿润，即可进行弹线。先弹出宽缝线，用以控制面层划沟（面砖凹缝）的顺直度。然后抹1:1水泥砂浆垫层，厚度为3mm；接着抹面层彩色砂浆，厚度为3~4mm。

（4）面层彩色砂浆稍收水后，即用铁梳子沿靠尺板划纹，纹深1mm左右，划纹方向与宽缝线相垂直，作为假面砖密缝；然后用铁皮刨或铁钩沿靠尺板划沟（也可采用铁棍进行滚压划纹），纹路凹入深度以露出垫层为准，随手扫净飞边砂粒。

12. 装饰抹灰搓毛灰怎样"搓"抹成型？

搓毛灰是罩面灰初凝时，用硬木抹子从上到下搓出一条细而直的纹路，也可以水平方向搓出一条L形细纹路。搓毛时，不允许干搓，如墙面太干，应边洒水边搓毛。

13. 装饰抹灰拉毛灰怎样"拉"抹成型？

拉毛灰是用铁抹子、硬棕毛刷子或白麻缠成的圆形刷子，把面层砂浆拉出一种天然石质感的饰面。拉毛灰有拉长毛、短毛、粗毛和细毛多种，其墙面吸声效果较好。

（1）面层为纸筋石灰时，应两人配合，一人先抹纸筋灰，另一人随即用硬棕毛刷垂直拉拍。面层厚度以拉毛长度而定，一般为 4～20mm。

（2）面层为水泥石灰砂浆时，也需两人配合，但需用白麻的圆形刷子拉毛，把砂浆一点一带，带出毛疙瘩来。

（3）面层用水泥石灰加纸筋灰时，根据石灰膏和纸筋的掺入量分别拉粗毛（5% 石灰膏和石灰膏重量 3% 的纸筋）、中毛（10%～20% 石灰膏和其重量 3% 的纸筋）和细毛（25%～30% 石灰膏和适量砂子）。拉粗毛或中毛用棕毛刷。一般这种面层适合内墙。

（4）另外，还可用专用刷子，在水泥石灰砂浆拉毛的墙面上，蘸 1:1 水泥石灰浆刷出条筋。条筋比拉毛面凸出 2～3mm。

（5）"拉毛"抹灰是用硬毛棕刷往墙面上垂直拍拉，或用麻刷子沾砂浆向墙面上一点一带，使部分砂浆留在墙面上；或用剪成若干条的棕毛刷，使面层刷出线条等方法使面层抹灰形成拉毛的效果，待面层装饰性抹灰干后再刷色浆或涂料。

14. 装饰抹灰仿石怎样"仿"抹成型？

仿石抹灰（或仿假石）是在墙面上按设计要求大小分格，一般为矩形格。然后用竹丝帚人工扫出横竖毛纹或斑点，形成石的质感。

15. 装饰抹灰斩假石怎样"斩"抹成型？

斩假石又称剁斧石，是在水泥砂浆抹灰中层上，批抹水泥石粒浆，待其硬化后用剁斧、齿斧及钢凿等工具剁出有规则的纹路，使之具有类似经过雕琢的天然石材的表面形态。

（1）施工工具

所用施工工具，主要有剁斧（斩斧）、单刃或多刃斧、花锤（棱点锤）、钢凿和尖锥等。

（2）面层抹灰

1）抹中层砂浆用 1:2 水泥砂浆，应搓平、压实、扫毛，两层厚度为 10 ~ 14mm。抹面层前要湿润中层，并刮满水泥浆（可掺胶粘剂）一道，按设计分格弹线、粘贴分隔条。

2）抹面层。面层采用 1:1.25 的水泥石粒（屑）浆，铺抹厚度为 10 ~ 11mm。用 2mm 左右的米粒石，内掺 30% 粒径为 0.15 ~ 1.0mm 的石屑。材料应干拌均匀后待用。

3）罩面操作一般分两次进行。先铺抹一层薄灰浆，稍收水后再抹一遍灰浆与分格条齐平；用刮尺赶平，然后再用木抹子反复压实，达到表面平整，阴阳角方正；最后用软毛刷顺剁纹方向轻扫一遍。面层抹灰完成后，养护 24h，常温养护 2 ~ 3d，其强度应控制在 5MPa，即水泥强度尚不大，较容易斩剁而石粒又剁不掉的程度为宜。

（3）斩剁操作

应先试剁，以石粒不脱落为准。斩剁时，要先弹纹路线（线距约为 100mm），以避免操作中剁纹走斜。斩剁时，应保持表面湿润，以防止石屑爆裂。斩假石的质感效果用立纹剁斧、花锤剁斧等，纹路由设计而定。为便于操作并增强装饰性，棱角和分格缝周圈宜留设 15 ~ 20mm 宽度的镜边。镜边与天然石材的处理方式相同，改为横向剁纹。墙面或造型的阳角处，应采用横剁，并应留出宽窄一致的不剁的镜边。

斩假石操作应自上而下进行，先斩转角和四周边缘，后斩中部饰面。斩剁时，动作要快并轻重均匀，剁纹深浅一致。每一行随时取出分格条，用水泥浆修整好分格缝。

16. 装饰抹灰干粘石怎样"粘"抹成型?

干粘石是将彩色石粒直接粘在砂浆层上的一种装饰抹灰做法。干粘石通过采用彩色和黑白石粒掺合而作为骨料，使抹灰饰面具有天然石料质感，其质地朴实、凝重、色彩优雅。干粘石的石粒，也可用彩色瓷粒及石屑取代，使装饰抹灰饰面更趋丰富。

干粘石的手工操作步骤:

(1) 底、中层抹灰:抹中层砂浆用 1:2 水泥砂浆,应搓平、压实、扫毛,两层厚度为 10~14mm。抹面层前要湿润中层,并刮满水泥浆(可掺胶粘剂)一道,按设计分格弹线、粘贴分隔条。

(2) 抹粘结面层砂浆:根据中层抹灰的干燥程度洒水湿润,刷水泥浆结合层一道。按设计要求弹线分格,用水泥浆粘贴分隔条,干粘石抹灰饰面的分格缝宽度一般不小于 20mm。

(3) 粘结层砂浆可采用聚合物水泥砂浆,其稠度不大于80mm,铺抹厚度根据所用石粒的粒径而定,一般为 4~6mm,机喷石屑抹灰中的石屑宜为 2~3mm。

其粘结砂浆也可采用聚合物白水泥砂浆(或以石粉代砂),稠度为 12cm 左右;粘结砂浆中可掺入木质素磺酸钙、甲基硅醇钠(预先用硫酸铝中和至 pH 值为 8);喷粘石屑的颜色及配合比按设计要求。要求涂抹平整,不显抹痕;按分格大小,一次抹一格或数格,避免在格内留槎。

(4) 甩粘石粒与拍压平整:待粘结层砂浆干湿适宜时,即进行甩粘石粒。一手拿盛料盘,内盛洗净晾干的石粒(干粘石多采用小八厘石渣,过 4mm 筛去除粉末杂质),一手持木拍,用铲子操起石粒反手往墙面粘结层砂浆上甩。甩射面要大,平稳有力。先甩粘四周易干部位,后甩中部,要使石粒均匀地嵌入粘结层砂浆中。如发现石粒分布不匀或过于稀疏,可以用手及抹子直接补粘。

(5) 在粘结砂浆表面均匀地粘嵌上一层石粒后,用抹子或橡胶滚轻拍、压一遍,使石粒埋入砂浆的深度不小于 1/2 粒径,拍压后石粒应平整坚实。等 10~15min,待灰浆稍干时,再做第二次拍平,用力稍强,但仍可以轻力拍压和不挤出灰浆为宜。如有石粒下坠、不均匀、外露尖角太多或面层不平等现象,应再一次补粘石粒和拍压。但应注意,先后的粘石操作不要超过

45min，即在水泥初凝前结束。

（6）起分隔条及勾缝：干粘石饰面达到表面平整、石粒饱满时，即可起出分格条，起时不要碰动石粒。随手清理分格缝并用水泥浆勾抹并清理干净，使分缝达到顺直、清晰、宽窄一致。

17. 装饰抹灰洒毛灰怎样"洒"抹成型？

洒毛灰与拉毛灰工艺相似，用茅草、高粱穗或竹条绑成的茅柴帚，蘸罩面砂浆，往中层砂浆面上洒，也有的是在刷色的中层上，不均匀地洒上罩面灰浆，并用抹子轻轻压平，部分露出底色，形成云朵状饰面。面层灰一般用1:1水泥砂浆。

18. 怎样预防顶棚抹灰层空鼓、开裂和脱落？

室内顶棚由于基体面处理不当，抹灰操作不方便，成活后时间不长，往往会出现空鼓、开裂，甚至抹灰层全部脱落。

怎样才能预防上述质量问题出现呢？具体措施是：

（1）抹灰材料

针对不同的顶棚基体，其抹灰构造、用材、配比、厚度都应有所不同，具体情况如下。

现浇混凝土顶棚抹灰常用做法举例两则，做法例一：

构造层：底层抹灰（粘结层），材料配合比为水泥:石灰膏:砂=1:0.5:1（先用聚合物水泥砂浆涂底），抹制厚度2mm；中层抹灰（找平层）：材料混合比为水泥:石灰膏:砂=1:3:9，抹制厚度为6~8mm；面层抹灰（装饰层）传统做法为细纸筋石灰浆"粉面"，大面抹光或做成小拉毛、塑制浮雕线条及浮雕图案等，抹制厚度为2~3mm（按具体工程设计）。

做法例二：

构造层：底层抹灰（粘结层），材料配合比为聚合物水泥砂浆涂刷基层；抹制厚度1~2mm；中层抹灰（找平层）：材料混合比为水泥:砂=1:3，抹制厚度为5mm；面层抹灰（装饰层），材料混合比为水泥：砂＝1：2.5罩面，表面喷涂或辊涂涂料面层，厚度为4～6mm。

现浇混凝土顶棚抹灰常用做法：

抹灰构造层：底层抹灰（粘结层），材料配合比为水泥：砂＝1：1（掺适量醋酸乙烯乳液），抹制厚度2～3mm；中层抹灰（找平层）：材料混合比为水泥：石灰膏：砂＝1：3：9，抹制厚度为4～6mm；面层抹灰（装饰层）传统做法为细纸筋石灰浆"粉面"，大面抹光或做成小拉毛、塑制浮雕线条及浮雕图案，亦可做涂料饰面，抹制厚度为2～3mm（按具体工程）。

（2）施工工艺

抹灰前，应检查楼板结构体的工程质量，若符合抹灰施工要求，应按设计规定进行基层毛化处理、喷水湿润、甩浆，或是采用涂刷水灰比为0.37～0.4的水泥浆等做法，以确保抹灰层与基层的粘结质量。

根据顶棚的水平面确定抹灰厚度，然后沿墙面和顶棚交接处弹出水平线，作为控制抹灰层表面平整度的标准。

（3）操作注意要点

1）抹底灰时的手工涂抹方向，应与预制楼板接缝方向相垂直。顶棚抹灰宜与内墙面抹灰同时进行，先抹顶棚四周与墙面交接的阴角（用于阴角抹子抽直压平），然后抹大面。

2）钢皮抹子在紧贴顶棚的同时应稍微侧偏操作，使底层抹灰面随手带毛。

3）抹底层灰后随即抹中层灰，达到厚度要求后用软刮尺刮平，随刮随用刷子顺平，再用木抹子搓平。水泥砂浆（聚合物水泥砂浆）底层抹灰一般应养护2～3d后再抹找平层。

4）中层抹灰达7～8成干时（手指按下不软，但略有指痕即可）进行罩面抹灰（如若过于干燥而表面发白时应适当的喷水湿润）。对于纸筋石灰或掺有纤维的麻刀灰宜两遍成活，前一遍要薄，随即抹第二遍，压实抹平。

19. 墙面阴阳角怎样才能抹得方正、顺直？

具体做法是：

（1）墙面的阴角处，先用刮尺横竖刮平，再检查方正，然后用木质阴角器刮平找直，使室内阴角通顺方正。

（2）墙面阳角抹灰时，先用靠尺在墙角的一面用线坠找直，而后在墙角的另一面顺靠尺抹砂浆。

（3）为高标准做好室内阴阳角方正，每个抹灰工应自备有一个20cm阴阳角方尺，当一个房间抹灰施工完毕，自我检查所做房间的阴阳角是否得到质量标准要求，对达不到要求的应及时修整，直到墙面阴阳角抹得方正、顺直为佳。

20. 为什么说设置金属护角带可使阴阳角更顺直？

在抹灰、涂饰工程中，门、窗、柱阳角，暗龙骨吊顶饰面板四周与墙面交界处的阴角，尽管在批腻子时做了许多细加工处理，但是，阳角不顺直，甚至缺棱掉角；阴角毛糙、有裂纹的问题难免存在。针对此类问题，在此处操作时采取设置金属护角带施工方法，对保证工程质量可起到良好的作用。

金属护角带特点：

（1）金属护角带是由中心的两条形11mm宽的进口优质热镀锌钢带，经特殊工艺处理与纸带牢固粘结在一起，不仅能长期防锈，更能保护阳角，使阳角挺直坚固。

（2）适用于任意角度的接缝，特别适用吊顶阴角处防开裂，使阴角顺直。

（3）金属护角带宽度为52.4mm，盒装每盒长30.8m，与传统护角条相比，腻子用量少，长度可按需要切割，无接头、损耗小。

施工方法：

（1）根据现场实际每边度量长度，用剪刀垂直剪取金属护角带，满足施工长度要求。

（2）在拐角两侧涂抹接缝腻子，按金属护角带中心线折叠，有金属钢带面粘贴在接缝腻子内（金属钢带一侧应粘贴在里面），挤压出多余腻子，用抹灰刀将表面收净。施工时拐角处金属护角带不能重叠，否则会影响平整度。

（3）待干燥后，再用接缝腻子在表面批抹一层，如有需要，采用细砂纸轻轻打磨。

实践证明，在上述部位设置金属护角带施工，阳角挺直无损坏，顶棚四周阴角无裂缝。

（葛明华　葛峰）

21. 为什么说子条、母条相结合，分格、装饰两相宜？

在外墙抹灰中，通常都会按要求设置分格条，它既可以防止墙面因温度变化而产生裂纹，又方便施工，同时分格条的设置，使墙面显得更加美观。因为流畅的线条，本身就有一种美感，使人赏心悦目。

近年来，大量使用 PVC-U 分格条替代了木质分格条，免除了原有的起条、勾缝两道工序，方便了施工，且墙面上的线条更加规整。但是，在安装 PVC-U 及抹灰完毕后，需要用毛刷、软布甚至铲刀才能将分格条内的水渍、泥垢清除干净，即使这样，清除过后仍然会留有痕迹，不能体现材质本身的亮度和美感。

如果在外墙抹灰中安装一种被称为"子、母条"的分格条。上述质量通病即可避免。这种方法施工效果好，易于操作，特别是在檐口、窗顶、楼梯斜板下做滴水线，突显其优点。字、母分格条双双结合，又可以保证其刚度与柔性的完美结合，待子分格条取出后，不会出现单一分格条在操作时出现的开口宽度不一等质量通病。其具体操作步骤如下：

步骤一，按设计要求选择分格条。取两根规格相同的分格条，将其中一条规定为子条，另一根规定为母条，然后将子条和母条两端对齐，槽对槽紧紧地扣在一起。要注意，只能母条抱子条，即子条两小边（长边）完全嵌固在母分格条中，然后用手将其按压平整。分格条组合后其厚度不变，仍为一根分格条厚度，依次做若干组备用。

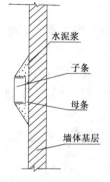

图4-3 子、母分格条剖面

步骤二，在已弹好线的基层上，用素水泥浆粘贴每组分格条。需注意，粘贴时母条一面紧贴基层墙面为粘贴对象，而子条的一面要朝外，操作时，切勿搞反，如图4-3所示。

步骤三，在固定好的分格条内抹水泥浆罩面。待墙面抹灰全部完毕后，轻轻将嵌固在母条内的子条取出即可。

（刘保庆）

22. 为什么说采用安装门窗假企口可创新抹灰工艺？

对于铝合金、塑钢门窗工程，无论是先安装后抹灰，还是先抹灰后安装，都各有其利弊。如果是先安装门、窗框，常会对门、窗框产生交叉污染和机械损伤，抹灰时砂浆落入框槽内，清理起来也很困难；如果是先抹灰后塞口，也有很大弊病。主要是：抹灰时因没有框的约束，框周边很难抹得垂直平整，使安装后的门、窗框的气密性、水密性很差，影响其使用功能。

针对上述情况，采用安装门、窗假企口的方法，即可避免上述问题。具体做法如下：

（1）制作门、窗假口：用截面60mm×40mm的扁钢管，按假口大于门、窗实际尺寸18mm的尺寸制作假门、窗口，如图4-4所示。假门、窗口制作时，先整体制作，然后，按

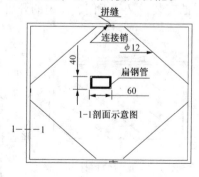

图4-4 门窗假口拼装示意图

69

图示位置切割成左右两片，以便于下一步假口的拆装周转再使用。

（2）安装假口：抹灰前按照门、窗的位置安装假口，假口的四周用木楔固定牢固。

（3）假口周边的抹灰：假口安装后，即可对假口的上睑、左右两侧进行企口抹灰，假口的上睑、两侧的框外侧也要进行企口抹灰，如图4-5所示。

企口深度为10mm。窗上睑外阳角要抹成鹰嘴状或留设滴水槽，如图4-6所示。

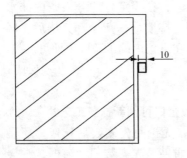

图4-5　门窗假口两侧面
抹灰示意

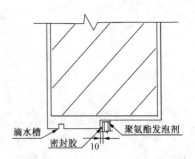

图4-6　门窗上睑抹灰、安
装示意

左右两边框内侧抹灰应稍低于假口，并使抹灰层向内侧倾斜，略呈正八字形，这样，既便于假口的拆除和以后门、窗框的安装，又利于门、窗扇的开启。

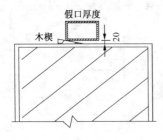

图4-7　窗台假口抹灰示意

（4）假口窗台的抹灰：按照假口的窗台抹灰可暂抹至假口下20mm，并用木抹子搓出毛面，如图4-7所示。

待窗口安装后，用聚氨酯发泡剂将窗框底部填塞严密，窗台板底部要用砂浆铺实，在抹成里高外低的窗台，如图4-8所示。如果窗台为成品窗台板抹灰时，可抹至窗台板下平，窗台板安装时窗框下用聚氨酯发泡剂填塞严密，窗台板底部要用砂浆铺实。

（5）假口的拆除：假口待抹灰层硬结后，便可拆除。拆除时，应先将框四周的固定木楔抽出，再拆除假口组装连接销，使其下落活动后，慢慢拆除假口一侧，最后拆除假口另一侧。拆除时须注意：不能强拆损坏到抹灰层，拆除后应立即将木楔部位用砂浆补平。

（6）门、窗口的安装：待抹灰层达到一定强度后，即可安装门、窗口，门、窗口安装时要左右居中，由室内推出就位，使门、窗框距左右两侧和上睑边的抹灰层缝隙匀称一致并作临时固定，用聚氨酯发泡剂将四周缝隙内外严密堵塞，然后，按规定加设锚钉与墙体牢固固定，如图4-9所示。

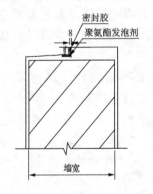
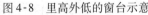
图4-8 里高外低的窗台示意

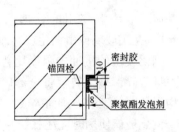
图4-9 窗口两侧安装固定示意

（7）需要注意的是，注射发泡剂时，一定要连续施工，中间不得中断，以免留下缝隙，发泡剂凸出框面的部分，可用壁纸刀刮平，用优质密封胶严密封盖。

（陈君平　李振申）

71

第五章　门窗工程

1. 玻璃知多少？

玻璃根据用途可分为普通平板玻璃（应使用浮法玻璃）、装饰玻璃（乳花玻璃、压花玻璃、磨砂玻璃、镭射玻璃、玻璃镜、冰裂玻璃）、安全玻璃（钢化玻璃、夹层玻璃、加丝玻璃）和特种玻璃（镀膜热反射玻璃、中空玻璃）等。

普通玻璃主要用于普通建筑的门窗；装饰玻璃主要用于室内装饰；安全玻璃破碎后不产生尖利的棱角，不容易伤人，主要用于玻璃幕墙、高层建筑门窗、商店的橱窗以及需要重点防范的部位；特种玻璃主要用于保温隔声要求较高的部位，或其他特殊要求部位。

玻璃幕墙上使用的玻璃应采用钢化玻璃（厚度不小于6mm）、夹层玻璃或由钢化玻璃加工的镀膜玻璃及中空玻璃。

钢化玻璃的抗冲击强度比普通玻璃高4～5倍，不易破碎，而一旦破碎，整块玻璃将全部碎裂，先爆响后整块玻璃表面形成均匀的网状裂纹，进而碎成均匀无尖利棱角的小碎块。

钢化玻璃使用时应注意：

（1）钢化玻璃不能切割、钻孔、磨边。这些加工只能由厂家根据用户需要在玻璃钢化前进行，玻璃一经钢化就不能再加工。

（2）钢化玻璃的侧边强度比普通玻璃低，注意避免侧边受磕碰。

（3）鉴别玻璃是否经钢化处理，可以使用偏振片观察玻璃表面就能看出普通玻璃与钢化玻璃的表面差别。也可以做受弯试验，钢化玻璃较普通玻璃弹性强，因此钢化玻璃在弯曲测试时能产生较大的挠度变形而不破碎。

2. 怎样挑选平板玻璃?

挑选平板玻璃,除玻璃的品种、规格符合要求外,还要注意以下几点:

(1) 玻璃的薄厚应均匀,尺寸应规范。

(2) 没有或少有气泡、结石、波筋、划痕等疵点。

(3) 具体挑选方法是:

1) 用户在选购玻璃时,可以先把两块玻璃平放在一起,使相互吻合,当揭开来时,若使较大的力气,则说明玻璃很平整。

2) 要仔细观察玻璃中有无气泡、结石、波筋和划痕等。质量好的玻璃在60mm远处背光线用肉眼观察,不允许有很大的或集中的气泡,不允许有缺角或裂子;玻璃表面允许看出波筋,但线道的最大角度不应超过45°;划痕沙粒应以少为佳。

3) 玻璃在潮湿的地方长期存放,表面会形成一层白翳,使玻璃的透明度大大降低,挑选时要加以格外注意。

3. 自重型门扇弹簧安装有哪些技巧?

第一步是确定开槽位置。首先取出地弹簧的主体,在事先确定好的安装位置大概放置一下,此时拿一根铅垂线从地弹簧顶轴的圆心处放置垂线,然后挪动地弹簧的位置,使铅垂体的圆心正好放置在地弹簧扁轴的中心标志位置,并同时注意地弹簧的水平、前后左右四个方位的垂直性,然后描出地弹簧本体轮廓。

第二步是实施开槽。将已经描好的地弹簧轮廓区域的边线用角磨机切割出一个深度约 3~5mm 的槽口,然后拿电锤或者手工凿子开挖地弹簧轮廓区域内的地面材料,其中可以搭配角磨机、电锤、凿子轮番使用,细部地方用凿子,较大块材料用电锤,边线部位可以使用角磨机,同时量下地弹簧槽的深度,在接近厚度尺寸时可以将地弹簧本体放入地槽,看是否可以保持在地面以下。

第三步是稳固地弹簧本体。在地弹簧本体可以完全放入地槽中时，可以进行地弹簧本体的稳固步骤，现在地弹簧稳固安装材料大多数人使用的是快干粉，但也可以使用水泥，不过水泥凝固时间长些。将地弹簧本体取出，在地槽内加入适量的快干粉，放水搅拌至黏稠度合适，然后放入地弹簧本体，用胶皮锤敲击地弹簧，使地弹簧可以恢复表面与周围地面水平，然后拿铅垂线找地弹簧轴心位置，微调地弹簧本体。

经过以上三个步骤，地弹簧本体开槽工序就完美收工了，只是其中必须注意几个要点：

（1）开槽的尺寸要适度，不要过大或过小，过大影响美观，过小则稳固材料少，固定不牢。

（2）弹簧轴心位置一定要准确，必须使用铅垂线或其他找垂直线的工具。

（3）稳固用的水泥或快干粉黏稠度要合适，以保证稳固地弹簧的强度。

（4）稳固好地弹簧后，一定等到水泥或快干粉有足够强度以后再往上装门体，避免地弹簧移位造成返工。

4. 铜质防火门安装如何做到严密不透烟

（1）安装工艺流程

1）划线定位：按设计图纸规定的尺寸、标高和开启方向，在洞口内弹出门框的安装位置线。

2）立框校正：门框就位后，应校正其垂直度（门框与地面垂直度应≤2°）及水平度和对角线，按设计要求调整至安装高度一致，与内、外墙面距离一致，门框上下宽度一致，而后用对拔木楔在门框四角初步定位。

3）连接固定：门框用螺栓临时固定，必须进行复核，以保证安装尺寸准确。框口上尺寸允许误差应≤1.5mm，对角线允许误差应≤2.0mm。

门安装时，要将门扇装到门框后，调整其位置以及水平度。在前后、左右、上下六个方向位置均正确后，再将门框连接铁脚与洞口预埋铁件焊牢，焊接处要涂上防锈漆。

4）堵塞缝隙：门框与墙体连接后，取出对拔木楔，用岩棉或矿棉将门框与墙体之间的周边缝隙堵塞严实，根据门框不同的结构，将门框表面留出槽口，用水泥砂浆（水泥砂浆配合比1:1，强度为M10）抹平压实，或将表面与铁板焊接封盖，并及时刷上防锈漆，做好防锈处理。

5）门框灌浆：门框灌浆时，等灌浆硬化后，进行调整，再将门扇安装上去。

门扇关闭后，缝隙应均匀，表面应平整。安装后的防火门，要求门扇与门框搭接量不小于10.0mm，框扇配合部位内侧宽度尺寸偏差不大于2.0mm，高度偏差不大于2.0mm，对角线长度之差小于3.0mmm，门扇闭合后配合间隙小于3.0mmm，门扇与门框之间的两侧缝隙不大于4.0mm，上侧缝隙不大于3.0mm，双扇门中缝间隙不大于4.0mm。

6）安装五金：安装门锁、合金或不锈钢执手及其他装置等，可按照五金《使用说明书》要求进行安装，均应达到各自的使用功能。

7）清理、涂漆：安装结束后，应随即将门框、门扇和洞口周围的污垢等清擦干净。油漆后的门现场安装后及竣工前要自行检查是否有划伤，如遇有需修补的地方，用保护薄膜做好防护措施，避免污染五金。

（2）连接方式

墙体间隔500mm处设置加强体，并预设连接件，门框与墙体每边预留15mm，水平面超出墙面10mm（或按设计要求），并用电焊将门框与墙体连接件焊接，门框周边用灌浆填充。

（3）安装注意事项

1）洞口内预埋铁脚的表面，应不低于洞口内墙面，以利焊接。遇有个别低于墙面者，可以垫铁焊接。

2）不设门槛的钢质门，若门框内口高度比门扇高度大30mm者，则门框下端应埋入地面±0.000标高以下，不小于20mm。

3）堵缝抹口的水泥砂浆在凝固以前，不允许在门框上进行任何作业，以免砂浆松动裂纹，降低密封质量。

4）门框堵塞的断热材料等必须严实。

5）钢质门安装必须保证焊接质量，以使钢质门与墙体牢固地结成一体。

6）钢质门安装必须开关轻便，不能过松，也不可过紧。

7）安装后，用砂轮机、锉刀将焊接部分的焊接、棱、角以及切割面等完全打至平滑。

8）安装好的钢质门，门框扇表面应平整，无明显凹凸现象。门体表面无刷纹、流坠或喷花、斑点等漆病。

5. 防火门框安装细部有哪些新做法？

防火门框大多采用后塞口法。后塞口法的好处是可以避免在后续的室内抹灰、地面垫层施工中，推运料车对门框的破坏和污染。但是后塞口安装要求门框在地面垫层中下埋50～60mm，而防火门安装大多数是由专门生产厂家单独分包施工的，土建单位在地面垫层施工中往往顾及不到防火门地面以下的预留，造成防火门框在安装时还要进行剔凿地面，安装完成后还要对此地面进行修补，这样无疑增加了防火门安装的难度，影响了工程施工进度，同时也影响了土建工程的施工质量和美观。

为避免上述问题的出现，在地面垫层施工中，根据防火门框的尺寸要求，在防火门框的安装位置预埋一块与预埋部分尺寸相同的保温板，当进行门框安装时，将此处保温板剔出，待门框安好后，采用膨胀水泥砂浆将缝隙处填塞密实。这样，既提高了防火门框处填塞密实，又提高了防火门框的安装进度，还保证了地面工程质量。

6. 防火卷帘门怎样安装防火更有效？

防火卷帘门的功能在防火，安装时做到以下几点则会使防火卷帘门防火更有效：

（1）按工艺流程安装：弹线确定各部件位置→安装边框→装卷帘轴→安装帘板与轴连接手摇机构→安装限位→接线、安装电盘、试运转→安装导槽→调整限位装置→安装顶箱→调试。

（2）在安装时，先测量出洞口标高，再弹出两边轨垂线及卷筒中心线；边框、导槽应尽量固定在预埋铁板上，也可用膨胀螺栓固定，导槽使用 M8、边框使用 M12 螺栓，电动门边框如果是砖墙，需用穿墙螺栓或按图纸要求进行；门帘板有正反、安装时要注意，不得装反；所有紧固零件如螺钉等必须紧固，不准有松动现象；卷帘轴安装时注意轴线的水平、轴与导槽的垂直度。

（3）做好调试。先手动试运行，再用电动机启闭数次，调整至无卡住、阻滞及异常噪声等现象为止，全部调试完毕后，再安装防护罩即可。

7. 全玻璃门固定部分怎样安装更牢固？

玻璃门首要考虑的是安全第一。要做到安全牢固，其固定部分的安装最重要。那么，其固定部分安装怎样才能更牢固？

（1）在安装玻璃之前，门框的不锈钢板或其他饰面包覆安装应完成，地面的装饰施工也应完毕。门框顶部的玻璃安装限位槽已留出，其限位槽的宽度应大于所用玻璃厚度 2~4mm，槽深 10~20mm。

（2）裁割玻璃：厚玻璃的安装尺寸，应从安装位置的底部、中部和顶部进行测量，选择最小尺寸为玻璃板宽度的切割尺寸。如果在上、中、下测得的尺寸一致，其玻璃宽度的裁割应比实测尺寸小 3～5mm。玻璃板的高度方向裁割，应小于实测尺寸的 3～5mm。玻璃板裁割后，应将其四周作倒角处理，倒角宽度为 2mm，如若在现场自行倒角，应手握细砂轮块做缓慢细磨操作，防止崩边崩角。

（3）固定底托：不锈钢（或铜）饰面的木底托，可用木楔加钉的方法固定于地面，然后再用万能胶将不锈钢饰面板粘卡在木方上。如果是采用铝合金方管，可用铝角将其固定在框柱上，或用木螺钉固定于地面埋入的木楔上。

（4）安装玻璃板：用玻璃吸盘将玻璃板吸紧，然后进行玻璃就位。先把玻璃板上边插入门框底部的限位槽内，然后将其下边安放于木底托上的不锈钢包面对口缝内。在底托上固定玻璃板的方法为：在底托木方上钉木条板，距玻璃板面 4mm 左右；然后在木板条上涂刷万能胶，将饰面不锈钢板片粘卡在木方上。

（5）注胶封口：玻璃门固定部分的玻璃板就位以后，即在顶部限位槽处和底部的底托固定处，以及玻璃板与框柱的对缝处等各缝隙处，均注胶密封。首先将玻璃胶开封后装入打胶枪内，即用胶枪的后压杆端头板顶住玻璃胶罐的底部；然后一只手托住胶枪身，另一只手握着注胶压柄不断松压循环地操作压柄，将玻璃胶注于需要封口的缝隙端。由需要注胶的缝隙端头开始；顺缝隙匀速移动，使玻璃胶在缝隙处形成一条均匀的直线。最后用塑料片刮去多余的玻璃胶，用刀片擦净胶迹。

（6）门上固定部分的玻璃板需要对接时，其对接缝应有 3～5mm 的宽度，玻璃板边都要进行倒角处理。当玻璃块留缝定位并安装稳固后，即将玻璃胶注入其对接的缝隙，用塑料片在玻璃板对缝的两面把胶刮平，用刀片擦净胶料残迹。

8. 全玻璃门活动门扇怎样安装更灵活？

安装前应先将地面上的弹簧和门扇顶面横梁上的定位销安装固定完毕，两者必须在同一安装轴线上，安装时应吊垂线检查，做到准确无误，地弹簧转轴与定位销为同一中心线。

全玻璃活动门扇的结构没有门扇框，门扇的启闭由地弹簧实现，地弹簧与门扇的上下金属横档要进行铰接。具体操作方法和步骤是：

（1）划线。在玻璃门扇的上下金属横档内划线，按线固定转动销的销孔板和地弹簧的转动轴连接板。具体操作可参照地弹簧产品安装说明书。

（2）确定门扇高度。玻璃门扇的高度尺寸，在裁割玻璃板时应注意包括插入上下横档的安装部分。一般情况下，玻璃高度尺寸应小于测量尺寸 5mm 左右，以便于安装时进行定位调节。把上、下横档（多采用镜面不锈钢成型材料）分别装在厚玻璃门扇上下两端，并进行门扇高度的测量。如果门扇高度不足，即其上下边距门横框及地面的缝隙超过规定值，可在上下横档内加垫胶合板条进行调节。如果门扇高度超过安装尺寸，只能由专业玻璃工将门扇多余部分裁去。

（3）固定上下横档。门扇高度确定后，即可固定上下横档，在玻璃板与金属横档内的两侧空隙处，由两边同时插入小木条，轻敲稳实，然后在小木条、门扇玻璃及横档之间形成的缝隙中注入玻璃胶。

（4）门扇定位安装。先将门横梁上的定位销本身的调节螺钉调出横梁平面 1~2mm，再将玻璃门扇竖起来，把门扇下横档内的转动销连接件的孔位对准地弹簧的转动销轴，并转动门扇将孔位套入销轴上。然后把门扇转动 90°。使之与门框横梁成直角，把门扇上横档中的转动连接件的孔对准门框横梁上的定位销，将定位销插入孔内 15mm 左右（调动定位销上的调节螺钉）。

（5）安装拉手。全玻璃门扇上的拉手孔洞，一般是事先订购时就加工好的，拉手连接部分插入孔洞时不能很紧，应有松动。安装前在拉手插入玻璃的部分涂少许玻璃胶；如若插入过松，可在插入部分裹上软质胶带。拉手组装时，其根部与玻璃贴紧后再拧紧固定螺钉。

9. 金属转门安装如何避免其因惯性偏快？

金属转门有铝质、钢质两种类型材结构。铝结构是采用铝镁硅合金挤压型材，经阳极氧化成银白、古铜等色，外形美观，并耐大气腐蚀。钢结构采用 20 号碳素结构钢无缝异型管，冷拉成各种类型转门、转壁框架，然后喷涂各种油漆而成。

为保证行人出入安全方便，金属转门的转动宜慢不宜快，在安装时怎样避免其偏快的弊端呢？

（1）开箱后，检查各类零部件是否正常，门樘外形尺寸是否符合门洞口尺寸，以及转壁位置、预埋件位置和数量是否正常。

（2）本桁架按洞口左右、前后位置尺寸与预埋件固定，并保证水平。一般转门与弹簧门、铰链门或其他固定扇组合，就可先安装其他组合部分。

（3）安装转轴，固定底座，底座上要垫实，不允许下沉，临时点焊上轴承座，使转轴垂直于地平面。

（4）安装圆转门顶与转壁，转壁不允许预先固定，便于调整与活扇之间隙；安装门扇，保持 90° 夹角，旋转门，保证上下间隙。

（5）调整转壁位置，以保证门扇与转壁之间隙。

（6）先焊轴承座，用混凝土固定底座，埋插销下壳固定转壁。

（7）安装玻璃。给钢转门喷涂油漆。

10. 窗缝嵌填有何讲究？

在门窗工程中，常用"后塞口"法安装窗框，墙体预留的洞口尺寸是窗框的标志尺寸，这一尺寸与窗框外包尺寸之间将留有 10mm 左右的施工缝，如图 5-1（a）所示。

留有 10mm 的余地，是便于"后塞口"窗框的安装。事后，10mm 的缝隙必须进行处理，以防下雨时渗水和增强窗框的稳

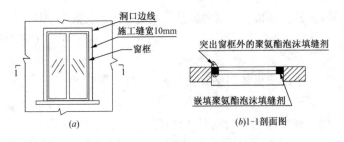

图 5-1　窗框缝隙示意

定性。

　　传统的做法是用砂浆一点一点的灌入缝隙中。这种做法既麻烦，防水效果又不尽理想。近几年来，逐渐用聚氨酯泡沫填缝剂取代了灌砂浆法。填发泡剂既方便又快捷，一般填入发泡剂 50～60min 后即可完全固化。

　　发泡剂是一种新型有机化学填充剂。当发泡剂被挤出专用容器后，遇到空气，便会膨胀固化。待其固化完成后，将在其内部产生许多的孔隙，其表面却产生光滑、致密、高强的表膜。这种表膜具有较好的防水、密封性能，且能提高发泡剂本身的耐久性能。但在发泡剂膨胀固化过程中，其膨胀作用是无规则发展的，这就必然有部分发泡剂挤出窗框而凸显在外,如图 5-1（b）所示。

　　施工中，对突出在窗框外边的发泡剂，常用的处理方法是，待发泡剂完全膨胀固化后，用小刀将突出在窗外的发泡剂切去，这种方法看上去很方便，但却去除了发泡剂表面固化时所形成的光滑、致密、高强的表膜。去除了这层表膜，将会使其内部的孔隙暴露无遗，使其防水性能大打折扣，也大大降低了发泡剂本身的耐久性能。

　　为了解决上述问题，施工中挤发泡剂时应注意作一些适当的处理。即在窗框外侧施工缝中挤入发泡剂后，派专人监护发泡剂的发展。当发泡剂突出窗框外且在固化之前，立即用小勾缝工具将其压入缝隙内，待其膨胀结束并基本固化后方可离开。这样就会使发泡剂表膜完好无损。数天后再在其表面抹一层水泥砂浆或用外墙面砖将其覆盖。这种做法已被实践证明，效果极佳。

（曹干军）

11. 木门窗框如何钻孔安装？

用钻孔法安装木门窗框不仅简化了墙体施工，降低了成本，而且施工操作简便易行。具体做法如下：

（1）用木楔将木门窗框先临时固定后再校正。然后用冲击电钻直接从木框钻入墙内，钻头直径为 8mm，钻孔深度为 100mm（包括木框），然后将长 100mm、直径 8mm 或 10mm 的钢筋用榔头钉入孔内。

（2）操作时，用榔头用力敲击，使钢筋钉入孔内，钢筋经敲击而形成钉子头的形状。这样安装的木门窗框不仅牢固可靠，而且功效高。用现场的短钢筋代替钉子，还降低了造价。

许多实践证明，在铝合金卷帘门框、钢门窗框的安装中，同样可采用钻孔法，钉入直径 10mm 的钢筋，钢筋露出墙外约 50mm，与门窗框焊接，其效果比采用预埋件、膨胀螺丝好。

12. 如何采用水钻后打眼法安装不锈钢栏杆？

在安装楼梯栏杆时，传统的做法是：在浇筑楼梯踏步混凝土时预埋铁件，由于埋设位置不太准确或高低不平，在栏杆安装中往往不太容易被准确利用，特别是当台阶为花岗岩踏步板时，大多数做法是先镶贴踏步板后安装栏杆，所以不得已采用膨胀螺栓的方法。此方法有一个严重的弊端：上部的花岗岩踏步板和砂浆层对螺栓形不成握裹，不能保证膨胀螺栓埋入结构层中的最小深度，往往安装不牢固。

采用水钻后打眼预埋法，效果则较好，前期施工不需要预埋。具体做法是：

在踏步板施工完毕砂浆强度达到要求后，先用水钻直接在栏杆安装位置打眼，用膨胀细石混凝土埋设预埋件。预埋件至少伸入结构混凝土中 60mm，预埋件顶部钻 ϕ8mm 排气孔，以便内部空气排出，以利于板下混凝土的密实，再在预埋件顶部焊接不锈钢栏立杆，要求周圈满焊牢固，最后加装饰盖即可，如图5-2所示。

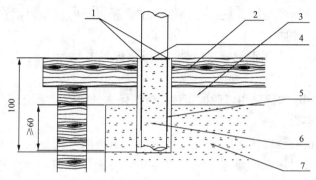

图5-2　不锈钢楼梯栏杆预埋件安装示意
1—焊接；2—花岗岩踏步板；3—砂浆；4—ϕ8 排气孔；
5—ϕ48 钢管顶焊 8 厚钢板；6—膨胀细石混凝土；7—混凝土

该做法由于是后期安装，位置精确，可以避免膨胀螺栓安装不牢固的弊端，一次成活，功效高。

13. 如何采用内衬钢管的方法加固不锈钢楼梯栏杆？

住宅楼和公共建筑的楼梯栏杆安装要求必须牢固。但是，往往由于预埋铁件位置不准确，而直接影响到安装的牢固性；若用膨胀螺栓代替预埋件，立杆又往往无法焊接，待使用一段时间后，很容易出现松动、脱焊现象，给工程留下隐患。

若采用内衬钢管的方法，便可加强不锈钢楼梯栏杆的牢固性，以达到安全使用的要求。具体方法：

（1）楼梯栏杆安装之前，应先检查预埋件位置是否留置准确，并进行纠偏或补缺安装完整。

（2）不锈钢钢管的壁厚必须达到设计或规范规定要求，这是保证安装牢固的基本要求。

（3）安装栏杆之前，应根据不锈钢钢管的内径，先在预埋件满焊壁厚在 3mm 以上的普通钢管，高度比不锈钢钢管栏杆高度稍低 20mm，内衬钢管外径要比外套不锈钢钢管内径略小一些，将其与预埋件焊接后，再将不锈钢钢管栏杆套住并与之焊牢，这样就增加了栏杆的强度。注意焊接的内衬加固钢管必须刷防锈漆两道。

（4）不锈钢钢管焊接时，必须满焊焊牢。

14. 如何采用临时固定架的方法使木扶手安装更顺直、更牢固？

在安装楼梯木扶手施工中，由于扁钢的厚度较薄，在与立柱焊接时焊点的热胀冷缩，很容易把扁钢拉得向一边弯曲，而且要想把扁钢调直又很困难。采用临时固定架的方法可避免上述问题发生。具体做法是：

（1）备一根长度较扁钢稍长、截面为 100mm × 80mm 的方木，钢钉 20 余个。将扁钢置于方木中间，在扁钢两侧紧贴扁钢各钉一排钢钉，间距为 250mm，钢钉入木深度为钉长的一半，然后用铁锤将钢钉向中间敲弯，将扁钢牢牢固定在方木上，如图 5-3 所示。

（2）先将上下休息平台上两端的两根主立柱焊接牢固，后将其安放在两根焊好的立柱上焊接牢固，如图 5-4 所示。

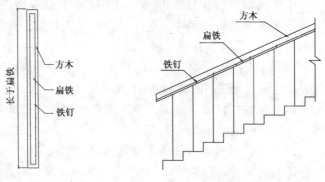

图 5-3　扁铁固定法示意　　　　图 5-4　扁铁与立柱焊牢示意

84

再依次焊接中间踏步上的立柱，待全部焊接完毕，用铁锤敲击钢钉，使其向两侧旋转，方木即能取下。由于有钢钉和方木上下兼左右的固定，焊好的扁钢既顺直又平整。

15. 阳台封装用材为何各有利弊？

实木窗：优点——可凭借设计和制作工艺创造出丰富的造型，并运用多种颜色，让装饰效果达到最佳；缺点——木材抗老化能力差，冷热伸缩变化大，日晒雨淋后容易被腐蚀。

普通铝合金窗：优点——具有较好的耐候性和抗老化能力；缺点——隔热性不如其他材料，色彩也仅有白、茶两种。

塑钢窗：优点——具有良好的隔声性、隔热性、防火性、气密性、水密性，防腐性、保温性等；缺点——PVC-U塑料型材时间久后表面会变黄、窗体变形，使用年限是20~30年。

断桥铝合金窗：优点——1.4mm以上的铝材，在所有的基础上加上了隔热层；具有良好的隔声性、隔热性、防火性、气密性、水密性，防腐性、保温性等；金属铝性型材可以长期使用，不变形、不掉色；缺点——铝材的价格贵、制作成本比较高。

无框窗：优点——具有良好的采光、最大面积空气对流、美观易折叠等；缺点—保温性差，密封性差，隔声效果一般。

在一般情况下，不会选用实木窗和普通断桥铝合金窗；使用最多的要数塑钢窗，塑钢窗的价位一般较低，大多数人可以接受，塑钢窗的性价比是其热销的主要原因；断桥铝合金是近几年才出现的新型材料，它的很多性能都可以跟塑钢相比，并比塑钢耐持久，价位一般较高些，一般用于别墅、高档的阳光房等；现在也有不少人用无框窗产品，无框窗的价位一般较便宜些。

16. 如何巧改飘窗多用途？

（1）床头柜。适合飘窗不太宽及卧室空间较小的居室。睡床紧挨着飘窗而放，飘窗就天然成了床头柜了。

（2）休闲乐园。如果飘窗是大型转角型的。可先按窗台的尺寸定做几个薄薄的布艺坐垫，并且用相同色系的方枕沿窗台弧形排列作为靠背，再在中间摆上一张小茶几。你便可以在这张独特的休闲飘窗躺椅上或冥想，或听音乐，或与三五友人品茶、聊天打牌，享受休闲、自得、娱乐的惬意生活。

（3）储物柜。在房屋结构允许的情况下，飘窗下部可以掏空，使之变为储物柜。只要留下足够支撑飘窗台面混凝土部分，余下的空间可以做成 1~2 个大大的抽屉，任你放些什么都行。

（4）简易书桌。在飘窗台面上可以做出高 20~40mm 的书桌台面板，这样既能"节省"掉桌腿，又能节约材料。再把它隔成几个抽屉，还能装下不少零碎的东西。这样改造出来的书桌光线充足、视线开阔，何乐而不为呢？

17. 门锁如何巧加固？

在住宅楼施工时安装的门锁多为"弹子插芯"门锁，经过一段时间的施工使用，门锁损坏不少。经检查发现：多数是扳手背面一个金属钢片因承受不了扳手扭矩而断裂，使扳手失灵。

现介绍一个解决办法：即把扳手的一颗内螺丝卸掉，将螺孔用电钻打成通孔，用一颗 M4 的螺栓及盖形螺母把扳手固定。这样锁就修好了。因为用的是盖形螺母，虽然螺母外露，但不影响美观，且经济适用。不仅增加了锁的牢固性，还延长了锁的使用寿命。

（曹秉臣）

第六章 吊顶工程

1. 为什么在室内顶棚装修之前要 "运筹帷幄"？

室内顶棚装修，有的房间涉及项目比较多。比如管道、灯具等安装项目。在装修之前一定要考虑周全，统一安排，合理布局。

（1）必须考虑窗帘盒所占的宽度、长度。

（2）吊顶与地面排砖或分块要相对应，上下要呼应。

（3）灯具、空调、回风口、送风口、喷淋头及烟感器的位置要居中。当采用矿棉吸声板或硅钙板等板块吊顶时，要依据房间的大小和窗帘盒的宽度进行布局和安排。房间的长和宽，要在排完相应的板块长和宽的整数倍后，将所剩的尺寸进行平分，放置于房间的两侧位置，而且四边的非整块尺寸一定要大于板块材料的 1/2。同时，中间整块板块材料，根据房间的大小和灯具的大小及数量来确定板块材料的数目是偶数还是奇数。例如：某房间只有一套吸顶日光灯，如果日光灯在长方向上的总数目为偶数，日光灯宜居中。其他也是同样的道理。在走廊顶棚安装时，由于走廊的宽度一般在 1800~2400mm 之间，因此当采用板块材料时，板块材料应设计成奇数，而且不宜出现小于半块的板材，此部分应依据现场的尺寸，提前定做板材。因为走廊顶棚的灯具、风口、喷淋设施应成行成线并且宜居中布置。

2. 怎样预防室内吊顶打孔破坏预埋线管？

无论是公共建筑还是民用住宅工程，当主体工程施工完毕后，一般情况下，要在室内进行吊顶及管道、设备安装。这些项目施工都需要在现浇混凝土楼板底部用电锤钻孔，固定各种吊杆、吊架等。因钻孔而破坏现浇混凝土楼板内各种预埋电气线管的现象经常发生，导致穿线管路不畅或报废，给电气安装施工造成极大困难和不必要的经济损失。

针对这种情况，在施工中采用配管画线法，可较好地解决这一施工难题。具体做法如下：

（1）在楼板钢筋绑扎和电气配管完毕后、浇筑混凝土之前，沿线管走向在模板上的钢筋网格内，用宽度50mm的毛刷蘸红色或黑色油漆画出断节线，注意油漆不得污染钢筋，线条宽度约为10mm。

（2）待混凝土浇筑完毕并拆模后，画在模板上的断节线就会清晰地印在现浇混凝土楼板底部，这条线就是指导配电线管走向及所在部位的标志线。

（3）当工程进入装修阶段时，主管电气技术人员必须当面向土建装修人员进行现场交底，向装修人员讲清楚这条线的用途，并要求在标志线两边10cm范围内禁止钻孔。

（4）采用画线方法，不仅可以避免因钻孔而破坏现浇混凝土板内各种预埋电气线管现象发生，还可在遇到管路不畅时，利用穿线用钢丝量出故障部位。

3. 室内墙面顶棚变形缝处如何巧处理？

在室内墙面顶棚变形缝处，高档装修要求：构造合理，功能有效，又能成为装饰的亮点。怎样才能满足高档装修的这些要求？具体做法如下：

（1）将变形缝处打磨平整，清理干净；取一块聚苯乙烯板。苯板长、宽同变形缝，厚度300mm，用沥青油毡包裹塞入变形缝内，填塞要密实。

（2）用两块细木板封变形缝口，沿变形缝长中间留16mm宽的细缝，再用铝板或彩钢板条从里补封。并用木螺钉从里钉在细木板上；板边沿及钉眼处要处理光滑、平整；细木板外涂颜色同墙面，铝板或彩钢板颜色根据室内整体装饰效果而定，但要与细木板有所区别，具体做法如图6-1所示。

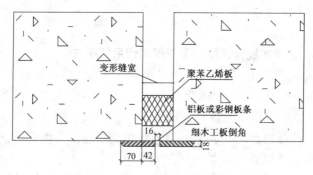

图 6-1　室内墙面顶棚变形缝处做法示意

4. 如何避免纸面石膏板吊顶出现不规则的波浪纹？

纸面石膏板吊顶出现不规则的波浪纹，原因是多方面的，主要原因是：任意起拱，形成拱度不均匀；吊顶周边格栅或四角不平；木材含水率较大，产生收缩变形；龙骨接头不平有硬弯，造成吊顶不平；吊杆或吊筋间距过大，龙骨变形后产生不规则挠度；木吊杆顶头劈裂，龙骨受力后下坠；用钢筋做吊杆时未拉紧，龙骨受力后下坠；吊杆吊在其他管道或设备的支架上，由于震动或支架等下坠，造成吊顶不平；受力节点结合不严，受力后产生位移变形等。

要想避免纸面石膏板吊顶出现不规则的波浪形的问题，首先是所用吊顶木材应选用优质的木材，如松木、杉木，其含水率应控制在12%以内。

其次是所用龙骨要顺直，不应扭曲，不得有横向贯通断面的节疤。第三是吊顶施工时，应按设计标高在墙四周弹线找平，装订时以水平线为准，中间接水平线的起拱高度为房间短向跨度的1/200，纵向拱度应吊匀。受力节点应装订严密、牢固，确保龙骨的整体刚度。

这样，所用基础材料是合格的，加上优质的纸面石膏板和精心施工，纸面石膏板顶面就不会再出现不规则的波浪纹了。使人看起来美观、顺眼。

5. 怎样才能保证厨、卫浴间扣板吊顶平整?

厨、卫浴房间的顶部，因其预留孔洞多、整体面积不规则、楼板层标高又与其他房间不一致等，在主体施工时，尽管采取多种措施，也很难确保顶面的平整度；如果直接在这种状况的顶棚上进行扣板吊顶，其面层很难做到平整。要保证厨、卫浴间扣板吊顶平整，具体办法是:

首先是测定出吊顶位置的水平点，然后确定吊顶的高度，再在墙面四周用线条收边。

为防止施工时破坏上层防水层构造，切不可直接向顶面上打膨胀螺栓，主龙骨只能固定在墙壁上，主龙骨宜用 4mm × 6mm 的木方固定在墙体上，主龙骨的间距约为 500~800mm，两端尽量靠边，再把次龙骨以 300~500mm 间距固定在主龙骨上，按正、次龙骨的水平度，再安装扣板。这样才能保证厨房、卫浴间扣板吊顶平整，加上你精心挑选的可心的扣板色彩，无形中增添了几分温馨和舒心。

第七章 轻质隔墙工程

1. 石膏板基层自攻螺钉如何防锈处理？

（1）在石膏板基层刮腻子前，找出石膏板上的铁钉眼，用1寸小漆刷的一个角蘸少量防锈漆，直接点涂在钉眼处，点一两下即可将钉冒遮盖住，这样就阻隔了空气中水汽与钉子的接触而起到防锈作用。

（2）在点防锈漆的过程中，由于漆刷棕毛较粗硬，自攻螺钉钉冒上"十"字口细小并且较深等原因，往往造成"十"字口内点漆不完全，有细小局部暴露在空气中，在刮腻子施工过程中，钉冒接触到腻子中一定的水分，就开始生锈，但面层看不到（因为内部虽然生锈，但由于其锈斑极小不会很快穿透腻子层和涂料面层而显露出来），在施工完一段时间后，随着锈斑的逐渐变大就会显现在涂料表面上，从而影响面层美观。所以，用防锈漆进行防锈处理时，一定要仔细，点涂不宜过快。

（3）用防锈腻子进行防锈处理。将防锈漆与42.5级普通硅酸盐水泥充分搅拌成防锈腻子，再用钢抹子用力将防锈腻子嵌实、嵌平钉眼，可解决防锈漆点不完全的问题。

经过这样一番处理后，便可放心地进行下一道工序施工。

2. 如何使玻璃隔断安装牢固？

玻璃不仅有透光、透视、隔声、隔热和保温等使用功能，而且随着科技的进步，出现了许多新型的装饰玻璃，它们具有实用和华丽相结合的装饰效果，愈来愈多地被用于家具装饰中。但是玻璃有许多品种，在家居装饰中应根据不同部位和不同功能选用不同的玻璃。

采用玻璃分隔，最重要一点是要做到安装牢固。由于分隔墙容易被碰撞，因此首先应考虑其安全性，用于分隔墙的玻璃应采用安全玻璃。目前我国规定的安全玻璃为钢化玻璃和夹层玻璃。

其次用于分隔墙的玻璃厚度应符合如下条件：钢化玻璃不小于5mm，夹层玻璃不小于6.38mm，对于无框玻璃，应使用厚度不小于10mm的钢化玻璃。

另外，玻璃分隔墙的玻璃边缘不得与硬性材料直接接触，玻璃边缘与槽底空隙应不小于4~5mm，玻璃嵌入墙体、地面和顶部的槽口深度为：玻璃厚度为5~6mm时，深度为8mm；玻璃厚度为8~10mm时，深度为10mm。

玻璃与槽口的前后空隙：玻璃厚度为5~6mm时，前后空隙为2mm；玻璃厚度为8~12mm时，前后空隙为3mm，该缝隙应用弹性密封胶或橡胶条填嵌。玻璃底部与槽底空隙应用不少于PVC或邵氏硬度为80~90的橡胶支承块支承，支承块长度不小于10mm。玻璃两侧与槽底空隙应用长度不小于25mm的弹性定位块衬垫。支承块和定位块应设置在距槽角不小于300mm或1/4边长位置处。

对于浴室等易受潮部位的镜子玻璃，除采用防潮镜以外，其他镜子玻璃均应采取防潮隔离措施，最简单的方法是用中性密封胶将镜子玻璃四周密封，防止潮气渗入破坏镜面背面的涂料。切不可用酸性密封胶，因为酸性密封胶会腐蚀镜面背面的涂料。

对于需接电源的玻璃装饰，还应注意防止漏电。

对于纯粹为采光而设置的一般落地玻璃分隔墙，应在距地面1.5~1.7m处的玻璃表面用装饰图案设置防撞标志。

3. 轻质隔墙板板面基层处理有何讲究？

现在有不少高层建筑，采用了石膏珍珠岩圆孔板、膨胀珍珠岩圆孔板等轻质板做内隔墙板，面层采用贴壁纸或贴面砖等饰面装修。由于轻质隔墙板表面较松散，采用刮腻子做面层装饰，往往易出现空鼓、脱落等质量问题。实践证明，问题的关键在于轻质隔墙板的板面基层处理是否正确。如果根据不同的板材、不同的饰面做法和不同的部位做好基层处理，则可避免此类问题的产生。现介绍以下几种处理方法。

（1）使用石膏珍珠岩圆孔板

1）用钢刷子把板面刷毛躁，并清扫浮灰。

2）使用1:3的胶液满刷一遍，不得漏刷。

3）边刷胶液边刮石膏腻子一道、大白腻子一道，用砂纸打磨光洁。

4）刷清油一道。

5）贴壁纸或面砖。

（2）使用膨胀珍珠岩圆孔板或石膏珍珠岩圆孔板

1）清扫表面浮灰。

2）满刷CH-1型混凝土界面胶粘剂或LA-2型加气混凝土界面胶粘剂一遍。

3）刮石膏腻子一道、大白腻子一道，并打磨光洁。

4）刷清油一道。

5）贴壁纸或面砖。

（3）用胶或CH-1型混凝土界面胶粘剂处理后的轻质隔墙板，板面密实，腻子层与基层粘结牢固。在腻子层上刷一道清油，可以增加腻子层的表面硬度，提高腻子层的耐水性能，使壁纸或面砖更好地与腻子层粘结。

（4）使用于厕浴间或潮湿部位

1）将板面浮灰清扫干净。

2）满刷YJ-4型石膏板防水涂料一遍。

3）用水泥砂浆加YJ-9型单组分建筑胶粘剂粘贴面砖，配合比为：砂: YJ-9型胶粘剂 =1:2。

（王春　卢秀芹）

4. 轻质隔墙板安装抗裂有何新技术？

隔墙板属于建筑部件，现代建筑要求使用轻质、高强、施工方便快捷、造价低廉、安全可靠、整体性好而又能满足使用功能、实现灵活分隔的优良条板。

回顾过去，隔墙板在安装使用中出现了许多问题，最突出的就是墙体接缝开裂。为了解决这一难题，许多能工巧匠们想过不少解决办法，但是经过一段时间后还是开裂。最近几年一些单位采用"8"字榫墙板灌注锁定技术及相应的设备，取得了良好的效果。此技术使隔墙板与主体墙、隔墙板之间以及门上横梁板与竖板均采用锁定技术，有效解决了墙板接缝开裂的难题。

（1）工艺简介

该隔墙板采用专利设备——榫槽锁定墙板机，产品的用料及各种技术性能一般，最关键的技术就是在板的边缘设置了"8"字榫槽，如图7-1所示。由于"8"字榫的设计，加之灌浆法安装，使板与板、板与主体等对接成为可能。该技术不受建筑平面隔墙布置尺寸影响，均能实现锁定，锁定后使隔墙与整个建筑成为一体。

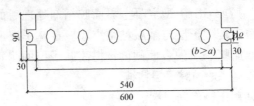

图 7-1 "8"字形榫墙板断面示意

（2）细部节点设计

1）主体墙与隔墙板锁定

①设预埋件时主体与隔墙板锁定：设计时，在隔墙中心线位置的主体墙上设预埋件，此预埋件可采用 4mm 厚钢板，宽

94

200mm。长度与墙等高（或长200cm，中心距为500mm），施工时，在主体墙上弹出隔墙中心线，把钢筋组件沿隔墙中心线焊牢、校正，然后进行隔墙板安装，检查垂直度、平整度，满足要求后在板缝处用水泥胶浆粘贴网格布。24h后，当胶泥网格布具备了足够的强度以抵抗灌浆的侧压力时，在隔墙板与主体墙接缝处顶端，用ϕ20电钻打孔，然后采用专用灌浆设备进行灌浆，待浆凝固后使墙板与主体墙锁定，如图7-2、图7-3所示。一般情况下，一条灌缝浆时间大约为30s。

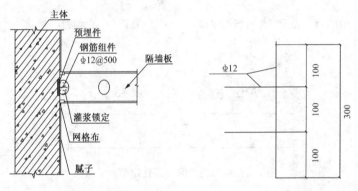

图7-2　设预埋件时板与主体　　图7-3　设预埋件时
　　　　锁定节点示意　　　　　　　　　钢筋组件示意

②无预埋件时主体与隔墙板锁定：当没有预埋件时，可在主体墙上沿隔墙中心线用电钻打ϕ20、深100mm的孔，间距为500mm，用水冲洗孔内灰尘，再用膨胀砂浆填实，把ϕ12带肋钢筋组件插入孔内，校正位置，（此法最关键点是填浆一定要实，因为ϕ20的孔较细，填砂浆时内部易产生空气阻力），进行隔板安装，检查板的垂直度、平整度无误后，用胶泥粘贴网格布，24h后进行灌浆锁定，如图7-4、图7-5所示。

2）板与板之间对接锁定：墙板安装完毕后，校正垂直度、平整度，然后在两板对接缝处用胶泥粘贴网格布，24h后在接缝顶端钻孔灌浆锁定，如图7-6所示。

95

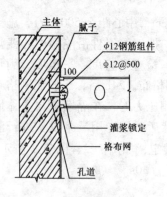

图 7-4 无预埋件时板与主体
锁定节点示意

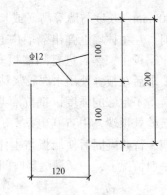

图 7-5 无预埋件时钢筋
组件示意

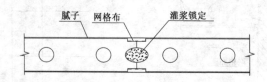

图 7-6 板与板之间对接锁定节点示意

3）板与板之间 T 形对接锁定

①由于设计的隔墙尺寸千变万化，因此就出现了两种情况：一种情况是"8"字榫槽正好对着隔墙板竖孔；另一种情况是"8"字榫槽与接墙板竖孔错位。当"8"字榫槽与对接墙板孔相对时，就在所对接的墙板上用手提式锯把板孔锯一条 30mm 宽的通槽，然后对接安装，校正垂直度、平整度、合格后用胶泥粘贴网格布，24h 后进行灌浆锁定，如图 7-7 所示。

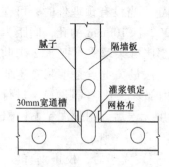

图 7-7 相对时板与板之间 T 形
对接锁定节点示意

②"8"字榫槽与对接墙板竖

孔错位时的锁定：当"8"字榫槽与对接墙板孔错位时，就把榫槽所对墙板相邻两孔锯开宽 90mm，高度为 250mm，中心孔为 50mm 的孔，在板孔内加混凝土楔子，然后进行对接安装，校正垂直度、平整度，粘贴网格布，24h 后灌浆锁定，如图 7-8 所示。

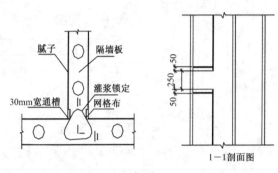

图 7-8　错位时板与板之间 T 形对接锁定节点及剖面图

4）板与板之间"十"字形对接锁定

①当"8"字榫槽正好与对接墙板竖孔相对时，在该孔板两侧对称切开宽 30mm，高 250mm 的长孔，中距为 500mm，然后进行板对接安装，校正垂直度、平整度，合格后用胶泥粘贴网格布，24h 后进行灌浆锁定，如图 7-9 所示。

②"8"字榫槽与对接墙板竖孔错位时的锁定：做法同 T 形错位锁定，只是把"8"字榫槽所对接的板墙孔切透即可。

5）门上横梁板锁定

①门上横梁板与竖板锁定：根据排板图，使横梁板的边缘

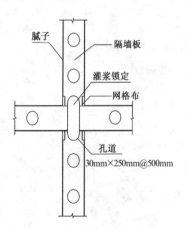

图 7-9　相对时板与板之间十字形
对接锁定节点示意

正好在竖板孔 1/3 处，然后，把竖板孔在门上口下边 100mm 处用楔子堵死，安装后校正垂直度、平整度，粘贴网格布，24h 后灌浆锁定，如图 7-10 所示。

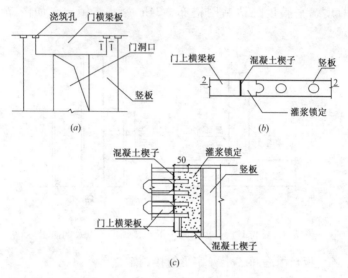

图 7-10　门上横梁板锁定示意
（a）立面；（b）1—1 剖面；（c）2—2 剖面

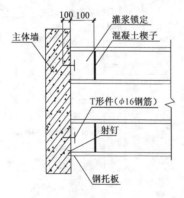

图 7-11　门上横梁与主体墙连接节点示意

②门上横梁板与主体墙锁定：当门上横梁板与主体墙对接时，在横梁板上、下两孔位置对应的主体墙上钻 φ12 孔，深 100mm，用水冲洗灰尘，把"T"形件抹胶打入墙内 100mm 深。板底用"L"形钢板托，固定方式为用 32mm 射钉 3 根呈三角形布置打入墙内，钢板托两边刷防锈漆防止刮腻子时"反锈"，然后安装横板，校正

垂直度、平整度，合格后灌浆锁定，如图 7-11 所示。

③双门梁 T 形交接时的锁定。

当两个门梁呈"T"形交接时，其节点处理，如图 7-12 ～图 7-14 所示。

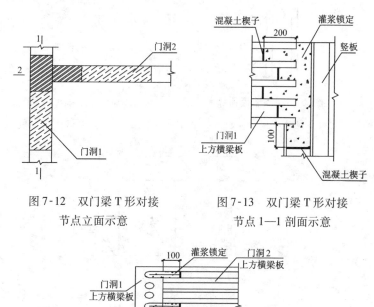

图 7-12　双门梁 T 形对接
节点立面示意

图 7-13　双门梁 T 形对接
节点 1—1 剖面示意

图 7-14　双门梁 T 形对接接节点 2—2 剖面示意

6）墙板与顶板连接：板顶部用钢卡固定，钢卡夹于梁板缝接缝处顶部，用 32mm 射钉打入顶板。钢卡两边要刷防锈漆，当接缝处粘贴胶泥网格布时将其盖住，如图 7-15 所示，钢卡尺寸如图 7-16 所示。

7）墙板与地面连接：隔墙板底部用木楔顶紧，木楔位置如图 7-17 所示。

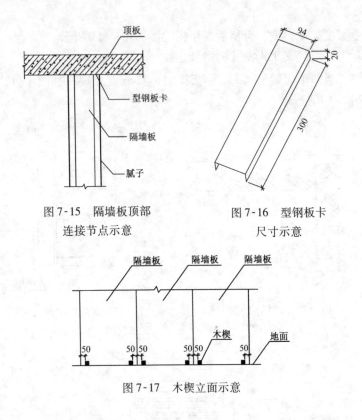

图 7-15　隔墙板顶部
连接节点示意

图 7-16　型钢板卡
尺寸示意

图 7-17　木楔立面示意

　　然后用 C20 细石混凝土堵实。混凝土的配比为水泥：水：砂子 = 1：0.6：1.7：3，并加入水泥重量的 10% 膨胀剂，坍落度控制在 50mm 左右，施工方法为两边同时用抹子把混凝土塞入板底缝内，24h 后可将木楔拔去，拔出木楔的缝隙处再用混凝土堵实。

　　（3）施工注意事项

　　1）每批隔墙板进场，厂家提供合格证、检测报告等质量合格文件，现场抽样进行复试，合格后才能使用。每批板必须标明生产日期及出厂日期，检查是否满足养护期龄。质量检查员、材料员检查其外形尺寸、表面质量等，尤其注意板角、榫槽边不能损坏。

　　2）隔墙板堆放要长边朝下立放，抬板时用圆杠插入板上边第三孔内，禁止平抬。

3）隔墙板安装埋设钢筋组件时，孔内灰尘要用水冲净，然后抹胶打入孔内，填塞砂浆一定要密实。

4）隔墙板与顶板连接。先在板端抹胶灰，一是避免墙板直接与顶板接触，缓解将来顶板产生挠度变形将板压裂；二是避免将来刮腻子出现裂缝。钢板卡一定要卡住板角，保证连接牢固。

5）隔墙板安装要综合考虑与其他工种交叉作业，水、电预埋管道提前定好位置，在墙板上划好尺寸，用无齿锯切割成槽，然后安装板墙。

6）隔墙板安装完毕后，用细石混凝土封堵板底缝隙，两人从两侧同时操作，以保证封堵密实。24h 后拔出木楔，防止墙板下沉产生缝隙。预留管道封堵也采用细石混凝土，人工插捣，以保证填塞密实。

7）网格布粘贴：为防止刮腻子产生裂缝可采取粘贴两层网格布，第一层采用 50mm 宽网格布沿板与板之间凹槽粘贴，然后抹胶灰与板面平齐，24h 后粘贴第二层网格布，网格布宽 150mm，以板缝为中心粘贴。墙板与主体交接处、水电管槽封堵与墙板交接处采用 200mm 宽网格布粘贴，每边搭接不小于 100mm。

8）板缝灌浆：灌浆采用灌浆机，灌缝质量好坏直接影响隔墙板安装的安全性，灌浆料可采用防水抗渗胶、水、水泥、石膏，其配合比为 1∶1∶2∶2。

9）掺入石膏灌浆料凝结较快，给施工带来困难；除此可采用水泥砂浆灌入，其配比为：水∶水泥∶砂浆 = 1∶1∶1，此种方法砂子较重且易沉淀，也有其弊病，灌浆料的采用有待进一步探讨、改进。

（李亚超）

5. 怎样提高 ALC 内隔墙板安装工程质量？

ALC 板材近几年常用于框架结构内隔墙，其常用规格一般为：宽 600m，厚 125 或 200mm，长 3500～4500mm 不等。怎样提高 ALC 内隔墙板的安装质量并减少隔墙面裂缝，这一难题一直困扰着许多施工管理人员。如何控制 ALC 内隔墙安装工程质量？具体做法如下：

（1）加强灌缝密实度的控制

1）ALC 板吊入楼层内，派专人将所要安装的 ALC 板侧半圆孔内杂物清理干净，然后开始安装，避免板安装以后在灌缝过程中可能因圆孔不畅通而堵塞，影响灌缝的连续性和密实度。

2）一块墙板安装完毕，先将自由端的构造柱及门洞口处的 H 形抱框架柱混凝土浇筑完毕，再进行板拼缝间的灌浆。如果工序颠倒，会使先浇筑的砂浆缝在构造柱支模及混凝土浇筑过程中因振动而裂缝、松动。

3）保证板缝的密实性。相邻板缝灌注砂浆前先浇水湿润，再灌水泥砂浆，以保证板缝密实、饱满、不空漏，并及时将板拼缝斜口表面溢出的砂浆清理干净。

4）ALC 板间竖缝采用聚合物水泥砂浆灌注，其配合比为：水泥：砂子：建筑胶 = 1:3:0.1，其砂浆流动性应满足填充板接合部接缝要求，每条缝先算出灌入量，在灌入时，一定要达到应有的灌入量。

（2）端部设构造柱、门洞口设抱框柱

1）ALC 板墙体安装采用 600mm 宽的 C 形（复筋）板，接缝钢筋为 $\phi 8@600mm$，所有门洞口处要增设 150～250mm 宽×板厚的钢筋混凝土抱框柱，板材自由端增设钢筋混凝土小构造柱，构成整体墙面，内配 $4\phi 10$、$\phi 6.5@200mm$ 钢筋，浇筑 C20 混凝土。通过增设自由端柱和门洞口混凝土抱框柱，大大方便钢门的安装，通风管、桥架等安装均从门洞口上端两加强柱中穿过，这样可提高 ALC 板的稳定性。

2）规范操作，少切凿：在 ALC 板上钻孔、锯切时，要严格按《蒸压轻质加气混凝土板应用技术规程》DGJ32/J06—2004 施工，采用专用用具，不任意切凿。暗线管敷设时，竖向穿管铺线要利用板与板的拼缝或置于混凝土构造柱内；对于横向管线尽可能沿墙板底角铺设（置于地面找平层内）；安装通风管、桥架等，宜从门洞口上端两加强柱中穿过，尽量避免直接在整板上开洞穿过。个别无法按上述方法施工的，应根据管线的直径用专用工具在墙板上切割相应的槽口，切槽时不易横向切槽。当必须要在横向切槽时，在隔墙上其长度应小于或等于 1/2 板宽，槽深不得超过 1/3 板厚，槽宽不宜超过 3mm。当管线埋好后，槽内应采用专用砂浆分层多遍抹压，要求补缝密实，在其表面粘一层玻纤网格布；同时对个别缺损部位用专用修补砂浆进行修补，这样方可进行下道工序施工。

（3）施工注意事项

1）要加强安装过程中的成品保护工作，特别是在板缝内灌缝砂浆未完全硬化之前，不应使板受到振动和冲击；板材安装就位、调整时要慢速轻放；撬动时用宽幅小撬棍慢慢拨动；微调用橡皮锤或加垫木敲击，不得损伤板材。

2）严格遵照上述办法施工，即可保证 ALC 板安装质量，避免在墙面上乱开槽及抹灰后产生的裂缝。

（葛明华）

6. GRC 轻质隔墙板裂缝防治有何巧办法？

GRC 轻质内墙板具有轻质、高强和防火等特点，较普通砖可提高室内使用面积 5% 左右，具有较好的社会效益和经济效益。但是，由于 GRC 板在预制、安装和面层施工过程中存在一些缺陷和偏差，致使 GRC 轻质内墙板容易出现板缝开裂、装饰层空鼓等质量问题，影响使用范围。

这些裂缝大都出现在：板与板拼缝处，板与梁、柱之间，门窗洞口四周；板自身和装饰面层起鼓也会出现一些不规则裂缝。

其原因主要是：板缝构造不合理，接缝砂浆养护不及时、时间过短；接缝砂浆采用普通砂浆；板与现浇板、梁、柱之间连接方法不当；门窗洞口加固不当；GRC 板自身强度不够；出釜时间短；GRC 板表面脱模剂形成隔离层；砂浆配合比不当；装饰层完成后未进行喷水养护等。

针对上述问题可采取以下综合防治措施：

（1）改进 GRC 板生产、安装工艺，防止板缝开裂

1）由于传统的制板工艺采用承口连接，如图 7-18 所示。

图 7-18 GRC 板承口连接示意

2）工人在安装操作时，一般在凹槽内抹砂浆后拼板挤出。这样做很难保证接缝处灰浆饱满。

3）如果采用对口连接，如图 7-19 所示。先在两凹槽内均抹上砂浆，然后对接，使砂浆挤出，这样即可保证砂浆的饱满度。

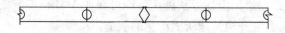

图 7-19 GRC 板对口连接示意

4）在隔墙板安装后的 10d 左右，再检查所有缝隙是否粘结良好，有无裂缝，如果出现裂缝，应查明原因后进行修补；对已粘结良好的所有板缝、阴角缝，应先清理浮灰、刮胶合剂、贴 100mm 宽玻纤网格布、在转角隔墙阳角处粘贴 200mm（每边宽 100mm 宽）玻纤布一层、压实粘牢，表面再用胶合剂刮平。

5）玻纤带及玻纤布：布重大于 $80g/m^2$；$25mm \times 100mm$ 布条断裂强度：经纱大于 300N，纬纱大于 150N。

（2）加强接缝砂浆的养护：GRC 板安装完毕后，应对接缝砂浆及时养护，且养护时间不得少于 7d。

（3）临时固定的木楔须全部拆除：板与梁、柱之间安装临时用的木楔必须全部拆除，用沥青浸泡过的可不撤除。但是，

在浸泡时，未泡透或使用的沥青漆不合格，达不到防水、防腐要求的木楔须拆除。在做地面时，木楔由于吸水膨胀，待干燥收缩后，会造成 GRC 板变形裂缝。所以，用于临时固定的这些木楔，待填塞砂浆或细石混凝土密实并具有一定强度后，必须全部拆除。

（4）门窗洞口的加固：在门头板与墙体交接部位，除用 U 形钢板卡固定以外，底部用 L 形角钢卡固定，沿门窗洞口铺贴 200mm × 300mm 加强网，与洞口成 45°角，如图 7-20 所示。

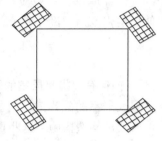

图 7-20 GRC 门窗洞口加固示意

（5）避免 GRC 板自身裂缝：配板时，不仅要考虑板墙组合的合理性，避免出现小于 2/3 板，同时应将水、电等专业的预留洞口位置同时在配板图中标出，要求小孔洞在安装前完成，减少安装后由于开洞而产生振动，当无法在安装前完成时，必须待接缝砂浆强度达到 100%（28d）之后方可进行开孔，而且必须用切割机开孔。

（6）GRC 板养护龄期：确保 GRC 板龄期不应少于 28d，且不应少于 14d 的陈化期。很多规模较小的生产厂家在接到工程任务时，进行量尺定做。由于工期紧，GRC 板未达到出釜时间即运到施工现场安装，养护期龄严重不足。

（7）接缝采用聚合物砂浆：由于水泥的收缩性决定了普通砂浆在凝固过程中的自身收缩裂缝，为缓解由砂浆收缩而产生的裂缝，接缝应采用聚合物砂浆。

（8）GRC 板表面涂刷 801 胶，满钉钢丝网：GRC 板在生产过程中，厂家为了使 GRC 板便于脱模，大多采用脱模剂，应在清理干净的 GRC 墙板上均匀地涂刷一道 801 胶水泥浆，厚度为 2～3mm，并在 GRC 板上满钉钢丝网。沿竖向和水平向用钉机钉入板体进行连接，间距双向均为 250mm，条板顶端和两侧连接混凝土柱、墙处，再用 L 形附加钢丝网复贴，增强连接强度。

（9）改进砂浆配合比：传统做法采用的配合比为：水泥：灰膏：中砂：合成纤维 = 1:1:1:6:0；可对传统做法配合比调整为：水泥：灰膏：中砂：合成纤维 = 1:2:7:0.05。多次实践证明，采用改进的配比，不论在板中还是在阴角处，均未发现有裂纹，效果良好。

（10）装饰面层完成后应适当进行喷水养护：在温度高、干燥的气候环境下，一般应每天喷水养护 2 次，时间不少于 3d，以使面层强度达到设计要求。

（刘雷　林玲　徐道厂　李国红）

7. 如何有效提高居室的隔声效果？

要使居室的隔声效果好，需要分别在墙体、窗户和顶棚上采取必要的构造措施。这些具体措施是：

（1）在墙体上钉 2 ~ 3mm 厚的木龙骨，在龙骨框内面填铺石棉，在龙骨外面钉石膏板，石膏板上再刮腻子、刷涂料。

（2）需要注意的是，石棉不要铺的太厚，否则会影响消声效果。

（3）窗户要封严。不管是单层窗还是双层窗，密封是主要的。另外，用塑钢窗来做密封效果较好。对于已经采用铝合金的，应该确保铝合金的边框密封条完好，最好是选用断桥铝合金。其次，在塑钢窗或断桥铝合金中采用中空玻璃。

（4）多使用布艺——比如使用厚质窗帘。其既有吸声效果又可增添空间的静谧感。

（5）上下楼板层的隔声则须做隔声吊顶。隔声吊顶可采用 5cm 左右的塑料泡沫板做隔声材料，将板直接粘贴在天花板上。在贴天花板的一面，可以扎一些不规则的洞眼（但不要扎透），以加大吸声效果。在泡沫板下再做吊顶，吊顶要和泡沫板保持一些距离。

第八章 饰面板（砖）工程

1. 工程上怎样选用花岗岩？

（1）花岗岩的规格。工程上一般选用 600mm × 600mm 或以上的规格，常用的工程板厚度为 15 ~ 20mm。干挂法施工时板材的厚度不宜小于 18mm，楼梯踏步贴面工程板的厚度不宜小于 20mm。

（2）花岗岩的花色和品种。国产的花岗岩有 90 多个品种，比较常用的品种有黑金砂、蒙古黑、中国黑、济南青、将军红、印度红、五莲红、绿钻、芝麻白等。

1）花岗岩的应用。天然花岗岩主要用于室内外墙面、柱面、地面、楼梯踏步等装饰工程，天然花岗岩可长期用于室外。某些产地的品种可能有较高的放射性，所以花岗岩用于室内时，要检测其放射性，严禁放射性超标。

2）花岗岩的选购。购买花岗岩应检查产品质量检验报告，并对产品光泽度、尺寸偏差、外观质量、吸水性、放射性的项目进行复检。

2. 工程上怎样选用大理石？

（1）大理石的规格。工程上一般选用 600mm × 600mm 或以上的规格，常用的工程板厚度为 15 ~ 20mm。干挂法施工时板材的厚度不宜小于 18mm，楼梯踏步贴面工程板的厚度不宜小于 20mm。

（2）大理石的花色和品种。大理石的花色和品种很多，国产的就有 396 个品种，比较常用的有汉白玉、墨玉黑、金线米黄、银线米黄、大花绿、玛瑙红等。

（3）大理石的应用。天然大理石主要用于室内墙面、柱面、地面、台面等装饰工程，天然大理石一般不适用于室外，因为多数大理石很容易风化而变色或失去光泽。只有汉白玉、艾叶青少数品种可用于室外，大理石采用水泥砂浆粘贴施工时，应做防碱背涂处理，否则容易出现泛碱变色现象。

（4）大理石的选购。购买大理石应检查产品检验报告，并对产品光泽度、尺寸偏差、外观质量、吸水率等项目进行复验。

3. 天然文化石和人造文化石如何区别？

文化石是建筑装饰石材的一种。文化石就是用于室内外的、规格尺寸小于 400mm × 400mm、表面粗糙的天然或人造石材。其中规格为 400mm × 400mm 和表面粗糙是其最主要的两项特征。

（1）天然文化石：天然文化石是开采自自然界的石材矿床，其中的板岩、砂岩、石英岩，经过加工，成为一种装饰建材。天然文化石材质坚硬、色泽鲜明、纹理丰富、风格各异，具有抗压、耐磨、耐火、耐寒、耐腐蚀、吸水率低等优点。

（2）人造文化石：人造文化石是采用硅钙、石膏等材料精制而成。它模仿天然石材的外形纹理，具有质地轻、色彩丰富、不霉、不燃、便于安装等特点。

（3）天然文化石与人造文化石的比较：天然文化石最主要的特点是耐用、不怕脏、可无限次擦洗，但装饰效果受石材原纹理限制，除了方形石外，其他的施工较为困难，尤其是拼接时。人造文化石的优点在于可以自行创造色彩，即使买回来时颜色不喜欢，也可以自己用乳胶漆一类的涂料再加工。另外，人造文化石多数采用箱装，其中不同块状已经分配好比例，安装比较方便。但人造文化石怕脏，不容易清洁。

（4）天然文化石与人造文化石的安装方法：天然文化石可以直接在墙面施工，先把墙面打毛，然后用水打湿后用水泥粘贴即可。人造文化石除了可以用天然石材的办法外，还可以用胶粘的方法。即先用9厘板或者12厘板打底，然后直接用胶

（大理石胶、胶粉等）粘贴即可。

4. 如何鉴别瓷砖质量？

看：观察砖面是否细腻均匀，是否有杂斑、空洞等可见缺陷。

量：取一块砖测量其边长是否符合要求，然后取数块砖叠放在一起，比较其尺寸大小是否一致。取两块砖并排视其边缝是否小而直；再将两块砖对扣在一起视其缝隙是否小而直。

敲：用细棍轻轻地敲悬空的砖，声音清脆，说明瓷砖无裂纹、烧结程度好、吸水率较低、强度较高；如此瓷砖带沙哑声，说明瓷砖烧结程度不好、吸水率较高、强度较低。

滴：在瓷砖背面滴数滴清水，观察其吸收快慢，吸收越快，吸水率越大。一般来讲，吸水率低的产品，烧结程度好，强度较高，抗冻性能好，产品质量好。

5. 石板干挂有何好处？

采用石板材干挂的安装方法，比之传统钢筋网挂贴法的装修工艺有如下好处：

（1）石板与面墙形成的空腔内不灌水泥砂浆，可彻底避免由于水泥化学作用而造成的饰面石板表面发生花脸、变色、锈斑等严重问题。

（2）可避免由于挂贴不牢而产生的空鼓、裂缝、脱落等问题。

（3）施工中及施工后无污染，墙面无泛白，可充分显示石材的华丽色彩。

（4）饰面石板系分块独立地吊挂于墙面之上，每块石板的重量不会传给其他石板，且无水泥砂浆重量，墙体负荷大为减轻。

（5）安装时可上下同时施工，且不受季节的影响，装饰后经久耐用，维修更加方便，安全可靠，抗震性能好。

6. 采用外墙石材干挂的墙根部石材防破裂有何巧办法?

建筑物外墙石材干挂饰面,其传统的做法:在落地式石材饰面完成以后,其根部直接用素土或灰土掩埋。这样做会造成建筑物在沉降过程中,地面反压挤压石材;而干挂工艺施工饰面石材主要是靠与挂件的连接固定,受力点较小,容易造成墙体最低端石材变形或破裂,尤其四角较为严重,如图 8-1 所示。

针对上述问题,只要在外墙石材干挂根部掩埋处稍作改进即可防止石材破裂,如图 8-2 所示。具体方法是:

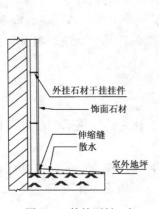

图 8-1　外挂石材一般
根部做法示意

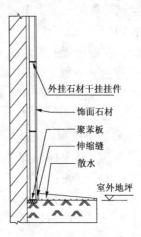

图 8-2　外挂石材改进
后根部做法示意

在室外石材干挂墙体底端沿建筑物放置聚苯板(聚苯板高度为 50mm,宽度为饰面板出墙尺寸另加 20mm)的做法,既减弱了建筑物在沉降过程中地面产生的反力对其产生的破坏,又消除了冬季土方受冻胀挤压石材的季节性影响。

此做法,经多年工程实践证明,原用施工工艺极易造成的墙体最低端石材变形或破裂的现象从未发生过,外墙干挂石材防其根部破裂效果很好。

7. 石材干挂有何新方法？

在石材工程施工中，有干挂法与湿贴作业法之分。根据使用材料的不同，干挂法又可分为金属挂件的干挂施工和石材干挂胶的胶粘法施工，它们各有优势和缺陷。

褚晓光同志结合多年施工实践经验，综合上述施工作业法，提出一种新的干挂作业法，即胶挂法施工。它的优点是：

（1）工程造价相对较低。

（2）操作方便，用常用的手提切割机即可操作，避免了金属连接件的打孔和对石材切槽标准要求高的缺点。

（3）板材固定调整方法简易，胶粘法要用快干胶固定，而快干胶的硬化速度不易掌握，一旦失败，可能会损坏石材而重新施工。而胶挂法靠连接件的进出控制平整和垂直，就会避免上述失误。连接件用的干挂胶固结时间长，能随时调整。

（4）对石材的施工质量起到了双重保险，一旦其中一项失败，仍有另外一种连接固定，安全放心。

下面就胶挂法施工工艺的全过程作一简述。如图8-3所示。

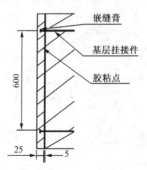

图 8-3　胶挂法施工示意

（1）材料要求

石材：根据设计要求确定石材的品种、颜色、花纹和尺寸规格，并检查其抗折、抗压、抗拉强度，以及吸水率、耐冻、酸碱度等性能。

胶粘剂，略。

嵌缝膏，略。

不锈钢挂结件，如图 8 - 4
所示。

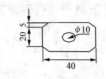

（2）施工机具

手提切割机、冲击钻、台式
切割机、空压机（带吹风嘴）、嵌
缝枪、凿子、米尺、靠尺、钢丝、
墙线、墨斗、小白线、笤帚、油
灰刀等。

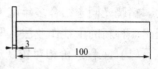

图 8-4　不锈钢挂结件示意

（3）施工工艺流程

脚手架搭设→排板放线→冲击钻打孔，连接安装胶粘粘结
件→花岗石板材胶挂施工→嵌缝→清理→拆除脚手架→竣工
清理。

1）石材准备：选择颜色花纹一致的石材安装在同一墙面，
石材切槽如图 8 - 5 所示。背面胶粘点用钢丝刷清理，并用水
冲刷。

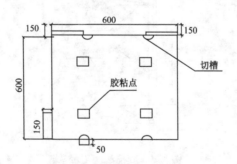

图 8-5　花岗石胶粘点及切槽示意

2）基层准备：清理结构表面，同时进行吊直找方、按规矩
弹出垂直方格线和水平方格线。根据图线和实际弹出石材的位

112

置，分块线及胶粘点和挂接点的打孔点位置。一般采用四个胶粘点，每个点胶粘面积不小于20mm^2。

3）支设一层饰面板托架，把预先加工好的支托按线支在将要安装的底层面板下面，并固定牢固，要求上表面平整。

4）在挂接点位置基层上按位置打孔，采用φ10钻头，钻孔深度不小于10cm。

5）用空压机吹嘴吹净孔内粉尘。

6）在胶粘点上清理基层。

7）将A、B大力胶按1:1比例配置搅拌均匀。

8）在基层胶粘点上打胶，向挂接件的孔内灌胶。

9）安装一层花岗石板材，并同时加装第一排挂接件，通过利用挂接件与墙孔洞的摩擦力固定第一层石材并进行平整垂直度的调整。

10）重复以上施工工序，完成整个工程的石材安装。

11）缝内嵌密封油膏。

12）清理被污染的饰面石材板。

13）完成并拆除脚手架。

（4）施工注意事项

1）石材与墙体的连接是靠干挂胶，同时清理好胶粘点基层和保证胶粘面积及胶粘质量非常重要。

2）打孔位置一定要准确。

3）石材表面的平整度和垂直度是靠不锈钢挂接件来调整，要每隔三层石材检查其平整度和垂直度。

4）嵌缝一定要均匀密实，防止水的渗漏造成对胶以及挂接件的长期侵蚀。

（褚晓光）

8. 为什么在安装护墙板时要预留通气孔？

木夹板墙裙及护墙板是内墙装饰中常用的一种类型，具体做法是首先在基层墙面上打孔，下木楔，再钉立木骨架，最后将胶合板用镶粘、钉上螺钉等方法固定在木骨架上。由于墙面被护墙板封闭严密,墙体中的潮湿气无处排出,护墙板因受潮而变形翘曲是常有的现象。

为了防止墙上的潮气使护墙板产生翘曲,墙上应采取防潮措施,具体做法是:先做防潮砂浆粉刷,干燥后再涂一道851涂膜橡胶;底层建筑的墙面还可以在护墙板与墙体之间留通风道,方法是在板面上、下部留通气孔,或在墙筋上留通气孔。

9. 外墙饰面层有何巧改做法?

外墙饰面现大多采用的材料及做法有两种:一种是采用面砖、陶瓷锦砖和天然石材等,称为硬质饰面;另一种是采用软质材料(涂料)。这两种材料及做法,时间长了,都会显露出各自的质量通病。硬质材料经长期日晒雨淋、风起尘落、热胀冻融,大多失去了原有光泽。当釉面层剥落后,表面斑驳、毛细孔变粗,失去了防水功能,造成外墙渗漏,再加上面砖、陶瓷锦砖等块材与墙体基层间粘结强度不均匀,还会造成局部脱落,危及行人安全。

而软质材料的质量通病是:由于过去外墙饰面层设计没有防水功能要求,只是为了保护墙体和适当美观,外墙在刷涂料前的找平层大多采用普通水泥砂浆,罩面则采用水泥砂浆或水泥净浆。水泥砂浆在凝结硬化时会产生收缩裂缝;温度变化时会产生温差裂缝;渗入墙体的水分遇严寒结冰、体积膨胀,会产生冻胀裂缝。砂浆基层上的上述原因导致的裂缝,必然会使涂料面层出现裂缝。

针对上述两种外墙饰面存在的质量缺陷,可采取不同的改进措施,以避免问题的出现。具体方法是:

(1)改进基层材料。由于水泥缺乏延性,其脆性和干缩性是墙面产生收缩裂缝的主要原因,因此,对旧墙面饰面层进行改造时,其基层材料必须进行改进。以水泥、聚合物乳液、水为主要材料制成的聚合物、水泥砂浆抹灰层牢固而耐久,不仅可用于外墙防水材料，还适用于修补外墙或外墙内侧局部渗漏；这种砂浆含有水泥，与被修补的原墙体材料性质相近，粘结力强且使用方便，是软质饰面层基层改造的最佳材料。

常用的外加改性材料有：无机或有机减水剂、膨胀剂、聚乙烯醇类外加剂、聚合物乳液（丙烯酸、丁苯、乙烯-醋酸乙烯胶乳）。

（2）对既有外墙饰面进行改造时，如果选择合适的加筋材料，还可起到对外墙面补强加固的作用，进一步提高外墙面整体抗裂性能和抗变韧性，比如选择克裂速短纤维，若按一定比例掺入到聚合物乳液水泥砂浆中，可有效提高软质饰面层基层的抗拉强度、抗变形韧性和温度稳定性，是既有建筑外墙软质饰面层改造的最佳材料。

（3）对于硬质饰面层的污渍、疏松和脱落，要根据具体污损面积大小来确定改造方案。一般来说，外墙面砖、陶瓷锦砖等硬质饰面层在外墙勒脚、檐口和窗台下等部位容易污染、疏松和脱落。如果面积不大，可作局部改造处理，即把被玷污的面砖根据污染物的性质采用相应的清洁剂清除；对疏松、脱落的部分，按规整的几何形状剔除（面砖及基层砂浆）、清洗洁净后，就可采用上述软质饰面层改造时所用的聚合物水泥砂浆打底。同时，作为粘结砂浆粘贴与原有饰面砖同质、同色的饰面砖，如果破损面积较大时，可采用掺克裂速短纤维的聚合物水泥砂浆重做基层，待基层干硬后再按设计要求的颜色刷外墙防水涂料。

（4）在对外墙外保温饰面改造时，要在实施饰面改造前，先对其进行外保温处理，然后再做软硬质饰面施工。

（5）两种饰面材料的基层处理

1）软质饰面层：将外墙原有涂层铲除后，刷素水泥浆一遍，用1:3水泥砂浆抹平、压实，洒水养护24h。

2）硬质饰面层：将原面砖等连同底部砂浆全部铲除，刷素水泥浆一遍，用1:3水泥砂浆抹平、压实，洒水养护24h。

（6）EPS 板薄抹灰外保温层做法：按相关规范要求，采用以粘结砂浆为主、尼龙膨胀锚栓为辅的方法粘贴聚苯板（EPS板），24h 后按规范要求进行尼龙锚栓锚固安装，锚固件每平方米数量不少于 5 个，接着抹一层聚合物抗裂砂浆（10mm 厚），随即将耐碱网格布平整地压入抗裂砂浆中，最后再抹压一层（5～8mm 厚）抗裂砂浆并刮糙，再洒水养护 24h，最后抹罩面砂浆。

涂刷防水涂料或粘贴饰面砖做法：

1）软质饰面层：抹灰砂浆干透后，刷外墙防水涂料，涂刷前，应先刮涂 1～2 遍聚合物水泥腻子（要与防水涂料相匹配），以利于找平和牢固附着。

2）硬质饰面层：按一般饰面砖粘贴工艺操作即可。需要注意的是：必须采用与抹灰砂浆相溶的聚合物抗裂砂浆，粘贴时必做到砂浆饱满、砖缝横平竖直，粘贴后认真勾缝，洒水养护 2～3d，以保证外墙饰面牢固、整齐、美观。

（玉素甫江・吾买尔江）

10. 如何采用聚合物水泥（砂）浆法镶贴墙面釉面砖？

镶贴墙面釉面砖通常采用传统粘贴法，若采用聚合物水泥（砂）浆镶贴法优点更显著。聚合物水泥（砂）浆法工艺，也称硬贴法，其基本粘贴要点同传统方法。其改进之处主要有以下几点：

（1）粘贴砂浆为聚合物水泥砂浆或聚合物水泥浆，前者在 1:2 水泥砂浆中掺 2%～3% 水泥重量的 108 胶水（稠度为 6～8cm），后者为水泥:108 胶:水=100:5:26。

用 108 胶的好处是，108 胶会阻隔水膜，砂浆不宜流淌，减少了清洁墙面的工作，还能延长砂浆的使用时间。还可减少粘贴砂浆的厚度，一般为 2～3mm，最大至 5mm。

（2）108 胶的掺量不可盲目增大，否则会降低粘结强度，一般以水泥重量的 3% 为宜。

11. 如何采用粉状面砖胶粘剂镶贴外墙面砖？

基层处理、弹线分格和勾缝及擦洗同"传统方法"。

拌和胶粘剂。以粉胶粘剂：水 = 1 : 2.5 ~ 1 : 3.1（体积比）调制，稠度为 2 ~ 30mm，放置 10 ~ 15min 后，再充分搅拌均匀，每次拌和量不宜过多，一般以使用 2 ~ 3h 为宜。已硬结的不可使用。

将嵌缝条贴在水平线上，把胶粘剂均匀地抹在底灰上（以一次抹 1m² 为宜，平均厚 1.5 ~ 2mm），同时在面砖背面刮同样厚的胶粘剂，然后将面砖靠嵌缝条粘贴，轻轻揉挤后找平找直。再在已贴好的面砖上口粘贴嵌缝条，如此自上而下逐皮粘贴。

水平缝宽度用嵌缝条控制，每粘贴一皮均要粘贴一次嵌缝条。嵌缝条宜在当天取出，洗净后待用。

当面砖贴完后，可用钢片开刀矫正并调整缝隙。

12. 如何采用建筑胶粘剂镶贴陶瓷锦砖？

（1）基层处理、预排和弹线均同传统方法。

（2）粘贴层用胶水：水泥 = 1 : (2 ~ 3) 配料，在墙面抹 1mm 厚，并在水平线下口支设好垫尺。

（3）将锦砖铺在木垫板上，将胶粘剂刮于缝内，并留薄薄一层面胶，随即贴于墙上，并用拍板和小锤敲拍一遍。

（4）粘贴由上往下，从阴阳角开始。揭纸等同传统方法。

13. 玻璃锦砖贴面施工有哪些改进？

玻璃锦砖在使用用途上和施工工艺上都与陶瓷锦砖基本相同。他们的区别主要是：

（1）在材料的规格尺寸和形状方面

1）陶瓷锦砖的规格尺寸比玻璃锦砖略大，稍厚。

2）陶瓷锦砖的基本形状有正方、长方、对角、六角、斜长条、半八角和长对角等。

（2）而玻璃锦砖的规格尺寸常见的形状只有正方形一种。两者的表面和断面特征各不相同。前者表面光滑，四边齐直，而后者背面略成凹形，且有条棱，四周成楔形斜面。

（3）在施工工艺方面

1）镶贴时粘贴层砂浆厚度不一，一般陶瓷锦砖的粘贴层可小些，约2~3mm；玻璃锦砖稍厚些，约3~4mm。这是两者断面形状尺寸的差异所决定的。

2）对中层抹灰的要求不同，陶瓷锦砖镶贴时可用软底铺贴，而玻璃锦砖要拍板赶缝，对中层的施工强度要求较高，故一般不同于软底。

14. 立柱大理石饰面板聚酯砂浆如何固定？

聚酯砂浆固定具有凝结快、粘结牢和不易在灌浆时松动等特点。其施工方法为：

（1）在灌浆前，先用聚酯砂浆固定板材四角并填满板材之间的缝隙，待聚酯砂浆固化并能起到固定拉紧作用以后，再进行一般大理石施工。

（2）灌注砂浆也应分三次灌注，其上口处留50mm余量。聚酯砂浆的胶与砂之比通常为1:4:5，固化剂的掺量视情况而定。在用聚酯砂浆固定方柱或长方柱的板材时，板材需用木卡框来定位。木卡框要等灌注的水泥浆凝结后再取下，可再用于第二层板材安装。

15. 大理石饰面板如何用树脂胶粘结？

对一些小面积的大理石饰面板镶贴部位或与木结构相结合的部位，可采用树脂胶粘结。施工步骤如下：

（1）基层处理：基层的平整度对用粘结法施工尤为重要。其允许尺寸偏差为：表面平整偏差±2mm、阴阳角垂直偏差±2mm、立面垂直偏差±2mm。基层应平整但不应压光。基面应用水泥砂浆抹平后再检查尺寸的偏差值，对超出尺寸应进一步修平整。

（2）根据安装设计要求，进行弹线作业。

（3）根据设计要求，逐块检查板材规格、编号等。多块安装时，应注意制品厚度要一致，否则，可能给安装造成麻烦，在可能的情况下，先安装较厚的板材，并按施工顺序码放好产品备用。

（4）板材粘结剂用量应针对使用部位的受力情况，以粘牢为原则。先将胶液分别刷抹在墙柱面和板块背面上，尤其是一些悬空板材胶量必须饱满。使用带胶粘剂的板材，在就位时要准确，就位后马上挤紧、找平、找正，并进行顶卡固定，对于挤出缝外的胶粘剂应随时清除。对板块安装位置上的不平、不直现象，可用扁而薄的木楔来调整，小木楔上应涂上胶液后再插入板缝。

（5）板块粘贴的用胶，通常采用环氧树脂，在一些小规格的板块粘贴中，也可采用进口的立时得万能胶。环氧树脂的配比与上述石材修补的配比相同。

（6）要等胶粘剂固化 2d 后，再拆除顶、卡的固定支架。拆除支架后，应检查板材接缝处的胶结情况，不足的进行勾缝处理，多余的清除干净。

16. 大理石饰面板如何楔固？

楔固法与传统挂贴法的区别在于：传统挂贴法是把固定板块的钢丝绑扎在预埋钢筋上，而楔固法是将固定板块的钢丝直接楔紧在墙体或柱体上。现就其不同工序分述如下：

（1）石板块钻孔：将大理石饰面板直立固定于木架上，用水电钻在距两端 1/4 处居板厚中心钻孔，孔径 6mm，深 35 ~ 40mm。板宽小于 500mm 打直孔两个，板宽大于 500mm 打直孔三个，板宽大于 800mm 的打直孔四个。然后将板旋转 90° 固定于木架上，在板两边分别各打直孔一个，孔位距板下端 100mm 处，孔径 6mm，孔深 35 ~ 40mm，上下直孔都用合金錾子在板背面方向剔槽,槽深 7mm,以便安卧型钢条。

(2)基体钻斜孔:板材钻孔后,按基体放线分块位置临时就位,并在对应于板材上下直孔的基体位置上,用冲击钻钻出与板材孔数相等的斜孔,斜孔成 45°角,孔径 6mm,孔深 60~50mm。

(3)板材安装与固定:基体钻孔后,将大理石板安装就位,根据板材与基体相距的孔距,用克丝钳子现制直径 5mm 的不锈钢形钉。其钉一端勾进大理石板直孔内,并随即用硬木小楔挤紧。另一端勾进基体斜孔内,并拉小线或用靠尺板及水平尺校正板上下口,以及板面垂直和平整度,并视其与相邻板材接合是否严密,随后将基体斜孔内不锈钢形钉用硬木楔或水泥钉钉紧,接着用大头木楔挤胀于板材与基体之间,以紧固形钉。石面板位置校正准确并临时固定后,即可进行灌浆施工。

17. 如何用钢网骨架法安装大理石饰面板?

钢网骨架法安装主要用于钢架悬挑门面、加大直径的装饰柱,和室内固定设置(如酒吧台、服务台等)的钢架表面铺贴石材饰面。其工艺方法如下:

(1)在钢架上焊接钢丝网之前,应先在钢架表面焊上 10 号铁丝。然后将钢丝网点焊在铁丝上。否则,很难将钢丝网与钢架面焊牢。钢丝网的结网密度应适中,通常采用的网孔大小在 10~20mm 之间。

(2)在焊接好的钢丝网上均匀批嵌水泥砂浆。砂浆的用水量要控制,以保证水泥砂浆有一定稠度;砂浆采用中砂 3 份,水泥 1 份的配比。

(3)待批嵌的水泥砂浆凝结干燥后,再在其上用水泥砂浆进行找平,在找平的同时,对批嵌层进行检查,防止有空鼓和虚脱的现象。对于钢网结合不牢而有松动的部位,应撬下重新批嵌。

(4)石板块的安装可采用传统的挂贴法,也可用粘结剂粘贴的方法。原则上是大板块的安装用挂贴法，小板块或在 1m 以下的位置上安装采用粘贴法。挂贴安装时，固定板块的不锈钢丝应穿过钢网，绑扎在钢架的横向角钢上。钢架的横向角钢之间应小于石板块的高度 50mm，这一点必须在做钢架时就安排好。

（5）其工艺流程：清理结构表面→结构上弹出垂直线→大角挂两竖直钢丝→石料打孔→背面刷胶→贴柔性加强材料，挂水平位置线→支底层板托架→放置底层板定位→调节与临时固定→灌 M20 水泥砂浆→设排水管→结构钻孔并插固定螺栓→镶不锈钢固定件→用胶粘剂灌下层墙板上孔→插入连接钢针→将胶粘剂灌入上层墙板的下孔内临时固定上层墙板→钻孔插入膨胀螺栓→镶不锈钢固定件→镶顶层墙板。

1）工地收货：由专人负责，发现有质量问题，及时处理，并负责现场的石材堆放。

2）石材准备：用比色法对石材的颜色进行挑选分类，安装在同一面的石材颜色应一致，按设计图纸及分块顺序将石材编号。

3）基层准备：清理拟做饰面石材的结构表面，同时进行结构套方，弹出垂直线和水平线。并根据设计图纸和实际需要弹出安装石材的位置线和分块线。

4）挂线：根据设计图纸要求，石材安装前要事先用经纬仪打出大角两个面的竖向控制线，最好弹在离大角 20cm 的位置上，以便随时检查垂直挂线的准确度，保证顺利安装，并在控制线的上下作出标记。

5）支底层饰面板托架，把预先安排好的支托按上平线支在将要安装的底层石板上面。支托要支承牢固，相互之间要连接好，也可和架子接在一起，支架安好后，顺支托方向钉铺通长的 50mm 厚木板，木板上口要在同一个水平面上，以保证石材上下面处在同一水平面上。

6）上连接铁件：用设计规定的不锈钢螺栓固定角钢和平钢

板。调整平钢板的位置，使平钢板的小孔正好与石板的插入孔对上，固定平钢板，用扳子拧紧。

7）底层石板安装：把侧面的连接铁件安好，便可把底层面板靠角上的一块就位。

8）调整固定：面板临时固定后，调整水平度，如板面上口不平，可在板底的一端下口的连接平钢板上垫一相应的双股铜丝垫。调整垂直度，并调整面板上口的不锈钢连接件的距墙空隙，直至面板垂直。

9）顶部面板安装：顶部最后一层面板除按一般石板安装要求外，安装调整时，要在结构与石板的缝隙里吊一通长的20mm厚木条，木条上平为石板上口下去250mm，吊点可设在连接铁件上。可用彩铝丝吊木条，木条吊好后，即在石板与墙面之间的空隙里放填充物，且填塞严实，防止灌浆时漏浆。

10）清理大理石、花岗石表面：把大理石、花岗石表面的防污条掀掉，用棉丝把石板擦净。

18. 磨光（镜面）花岗石饰面板湿作业如何巧改进？

天然花岗岩石，质地坚硬密实、强度高。具有耐久性好、坚固不易风化、色泽经久不变、装饰效果好等优点，多用于室内外墙面、墙裙和楼地面等，以作装饰用。

细磨抛光的镜面花岗石饰面板的安装方法，有一种叫湿作业方法。传统的湿作业法与大理石饰面板的传统湿作业安装方法相同。

但由于花岗石饰面板长期暴露于室外，传统的湿作业方法常发生空鼓、脱落等质量缺陷，为克服此缺点，在传统的湿作业法基础上进行了改进，其特点是增用了特制的金属夹锚固件。其主要操作要点如下：

（1）板材钻斜孔打眼，而不是钻直孔，然后再安装金属夹。

（2）安装饰面板、浇灌细石混凝土，擦缝、打蜡。

19. 如何用干挂法安装磨光（镜面）花岗石饰面板？

干作业法又称干挂法。它是利用高强、耐腐蚀的连接固定件把饰面板挂在建筑物结构的外表面上，中间留出适量空隙。在风荷载或地震作用下，允许产生适量变位，而不致使饰面板出现裂缝或发生脱落，当风荷载或地震消失后，饰面板又能随结构复位。

干挂法解决了传统的灌浆湿作业法（包括改进后的湿作业法）安装饰面板存在的施工周期长、粘结强度低、自重大、不大利于抗震、砂浆易污染外饰面等问题，具有安装精度高、墙面平整、取消砂浆粘结层、减轻建筑用材自重、提高施工效率等特点。且板材与结构层之间留有 40～100mm 的空腔，具有保温和隔热作用，节能效果显著。

干挂法工艺流程及主要施工工艺要求如下：

（1）外墙基体表面应坚实、平整，凸出物应凿去，清扫干净。

（2）对石材要进行挑选，几何尺寸必须准确，颜色均匀一致，石粒均匀，背面平整，不准有缺棱、掉角、裂缝、隐伤等缺陷。

（3）石材必须用模具进行钻孔，以保证钻孔位置的准确。

（4）石材背面刷不饱和树脂，贴玻璃丝布，做增强处理时应在作业棚内进行，环境要清洁，通风良好，无易燃物，温度不宜低于10°。

（5）膨胀螺栓钻孔深度宜为 550～600mm。

（6）作为防水处理，底层板安装好后，将其竖缝用橡胶条嵌缝250mm 高，板材与混凝土基体间的空腔底部用聚苯板填塞，然后在空腔内灌入 1∶2.5 的白水泥砂浆，高度为200mm，待砂浆凝固后，将板缝中的橡胶条取出，在每块板材间接缝处的白水泥砂浆上表面设置直径为6mm 的排水管，使上部渗下的雨水能顺利排出。

（7）板材的安装由下而上分层沿一个方向依次顺序进行，同一层板材安装完毕后，应检查其表面平整度及水平度，经检查合格后，方可进行嵌缝。

（8）嵌缝前，饰面板周边应粘贴防污条，防止嵌缝时，污染饰面板。密封胶要嵌填饱满密实，光滑平顺，其颜色要与石材颜色一致。

20. 细琢面花岗石饰面板安装有何技巧？

细琢面花岗石饰面板是指除了磨光板外的其他三种板，即剁斧板、机刨板和粗磨板。

这类板材与基体的连接主要采用镀锌或不锈钢锚固件，锚固件有多种形式。常用的扁条锚件厚度有 3mm、5mm、6mm，宽为 25mm、30mm；圆形锚件用 $\phi6$ 和 $\phi9$ 圆钢；线性锚件多用 $\phi3 \sim \phi5$ 不锈钢丝。

板材开口形式：由于锚固件形式的不同，相应的板材上的锚件接开口形状也不同，有扁条形、片状形、销钉形、角钢形等。另外，板材的开口尺寸及阳角交接形式也随其厚度而不同。

安装技术要点：

（1）按设计要求选材、编号、并做好连接孔洞，在基层上做好钢筋网，在墙、柱面上放好线。

（2）安装时，先将抱角稳定好，按墙面拉线顺直，确定分块尺寸和缝隙调整后即开始安装。

（3）板材要用镀锌钢筋或经防锈处理过的钢筋与钢筋网连接，板材之间可采用扒钉或销钉连接。

21. 花岗石外饰面水印防止有何办法？

花岗石外饰面装修，外表是否美观很重要。但是，现在许多花岗石饰面的外表都不同程度地出现了斑痕，有的在板块中间，有的在板缝上下，有的斑痕数块相连，成片出现，严重的还伴有析白"泪痕"。这些都不是原材料的色差，而是水迹遗留造成的水印，如图8-6所示。

分析水印造成的原因：

（1）外墙花岗石饰面，目前有的仍沿用传统的密封灌浆镶贴法，即板块后面填灌砂浆，板缝极小，实际是干接缝，成活后在板缝表面用水泥浆和水泥干粉嵌缝。这样的板缝防水效果很差，若遇到上下板面不平整，特别是下板凸出，或板缝有大有小，这样的板缝疏水不畅，就容易渗入雨水。

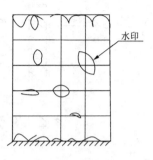

图8-6　水印示意

（2）许多外墙饰面无压顶板块，竖向板块与底层砂浆之间难免会有些缝隙，成为雨水通道。如果水泥砂浆压顶排水不利，甚至有些板块还高出压顶面，就会造成兜水现象。

（3）饰面与外地面连接处无防水措施，地表水被花岗石板和板后的砂浆吸附上来。成为难以消失的水印。

（4）花岗石的吸水率大于大理石，雨水浸入板、砂浆之后，易进不易出，以致水印几乎一年四季都不会完全消失。磨光花岗石饰面板材每平方米造价较高，如此昂贵的饰面，却因为传统的施工方法造成水印的出现，影响到了装饰效果。

防止措施：

（1）改进传统的密缝法施工

1）施工镶贴饰面前搭设好防雨篷，不让雨水进入板块里和砂浆内。

2）外墙饰面一定要设置水平的压顶板块（图8-7），防止雨水从顶部浸入。

3）选择尺寸方正、表面平整的板材，板缝要大小一致，表面要光滑平整，疏水要流畅。

4）与外地面连接的板块，在镶贴前应在板背和板边涂刷两道有机硅树脂乳液，使其不再吸附地面水。

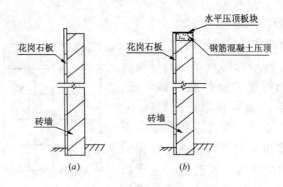

图 8-7　外墙花岗石剖面示意
(a) 无水平压顶；(b) 有水平压顶

5) 待花岗石饰面板里的水印干燥消失完毕，用干性油腻子将板缝嵌填密实，不留漏缝。

6) 外饰面满涂两遍有机硅树脂乳液（疏水剂），然后拆除防雨篷。施工方法如下：待有机硅乳液稀释之后，用喷雾器先竖向从上到下喷洒一遍，喷至稍有挂淌即可，同法再从左至右喷洒一遍。两遍间隔时间不能太长（夏天 7 ~ 8h 即可固化），若待第一遍固化后，第二遍就再粘不上了。喷涂后，须保证 24h 不得经受雨水侵袭。

(2) 采用拉缝镶贴法：传统的板缝是干缝，无论怎样嵌缝，都难以防水。拉缝法把每块花岗石的横竖方向都拉开 6 ~ 8mm 的缝隙，各条缝隙用密封膏嵌缝，雨水便不会从缝隙中浸入饰面，经施工实践，未出现水印，效果良好。

（王春等）

22. 卡玛乐墙身石室内、室外安装有何巧办法？

（1）室内安装法

1) 在保证饰面基层具有足够强度的前提下，处理好室内墙身表面，使之保持洁净、干燥；必要时，宜先用水泥砂浆打底找平。砖块到位前，先将粘结胶浆涂刮在砖块背面。

2）砖块就位，然后用力施压，直至贴紧。按设计图案逐块按此进行粘贴。

3）整体饰面或一个单元墙面镶贴完成后，即用填缝胶填缝。

4）用铁铲将填缝胶浆压平并予以修整，铲除多余的胶泥，待干燥后即完成饰面。

（2）室外镶贴法

1）要求同室内一样处理好外墙基层后，先用粘贴胶浆镶贴墙体阳角部位的弯位石板配件砖，然后再进行墙面的粘贴施工。应注意，须采用其配套的室外胶浆做粘贴，并且应在墙体基层表面和砖块背面同时施胶。砖块到位镶贴后，要用力压紧直至粘牢。

2）根据设计要求的拼贴图案及卡玛乐石板（砖）品种，在墙面上按顺序进行离缝（留设一定宽度的接缝）镶贴；应就位准确。

3）用填缝胶对砖缝进行镶填，填缝应饱满，并用铁铲将填缝胶压平休整、铲除多余的胶浆，待干燥后即完成饰面。

23. 海得威文化墙耐力板安装有何技巧？

海得威文化墙耐力板系由树脂塑料作为基材加工而成的墙面装饰板块；板块表面呈浮雕式砖块砌筑或凹凸镶贴的组合效果，每个板块的外边缘并不齐整，而以砖块拼接效果作为图案单元，板块与板块之间可以很自然地进行组合，形成文化墙风格的饰面。该产品具有仿石、仿砖及仿木的材料质感和优雅的色彩，并具有耐候、防虫、抗紫外线辐射等性能。

饰面安装步骤如下：

（1）安装外角石及起步条：遇有墙面外转角并采用耐力板进行角位装饰时，应先用配件外角石与墙体阳角初步固定，然后安装墙面耐力板起步条。为保持饰面线形的水平度，外角饰面的底部应比起步条的底面低 3mm 左右。起步条安装于墙面底部，用钉件与基体固定，也就是说大面耐力板的安装要自下而上逐行（排）进行。

（2）安装墙面耐力板：墙面耐力板的饰面安装，在水平方向宜自左向右逐块顺序拼装，可按以下步骤操作。

1）安装第一块耐力板时，先将板块的左端切割平齐，到位后顺墙将下端垂直卡入起步条槽口，再顺起步条向左水平移动至板块左端，靠紧已安装好的外角石边缘，然后用钉固定板块。

2）安装第二块板块时，将板块下端插入起步条，再水平向左移动与已安装的耐力板相衔接。注意左右两块板的衔接处不可强压紧靠，应留有 12～13mm 宽度的缝隙。

3）重复与上述相同的步骤，逐块安装，至同行（排）最后两块耐力板时，可根据墙面尺寸事先将两块板连接成一个长片再上墙安装。

4）安装第二行（排）耐力板时，与第一行的做法相同，但其表面的凹凸图案要与下一行相互错开，使饰面的拼花接缝或砖缝效果交错正确。

5）安装注意事项：

①耐力板块上设有长圆形钉孔，施钉时应注意钉件（铝钉或不锈钢钉、镀锌钢钉）钉在留孔的中间部位，且不可钉紧，钉头与板面可留有 2～3mm 的空隙，不得将钉子钉斜。

②另外，耐力板表面不宜使用钉子，但是对于耐力板经切割过的边端，在安装在重要部位时需加钉牢固，做法是先在板上不明显处钻孔，钉钉后再将钉头上涂抹修补胶。

③当耐力板饰面的外角部位不采用外角石配件或其他部位需要板块折弯时，可使用加热器在耐力板的背面烫出 20mm 左右宽的直线，应同时将其弯折，在其冷却前安装就位即可。

24. 微晶玻璃装饰板安装有何技巧？

微晶玻璃又称玻璃陶瓷，微晶玻璃已应用于许多重要工程的外墙面、柱面和地面，用其作为饰面，效果高雅、明快、无色差，且永不褪色。其安装技巧是：

（1）在混凝土结构体墙面上安装时，要采用 L 形不锈钢连接件，连接件规格为 50mm × 40mm × 4mm，与建筑墙体用金属膨胀螺栓锚固；在板材上、下端先打孔穿入不锈钢销，其连接舌板与 L 形连接件进行连接，并设 M8 调节螺栓定位紧固。

（2）为保证微晶玻璃板的使用安全，在板材背面贴敷玻璃纤维网格布，以起增强作用。板材安装后的饰面板缝表面，注入建筑密封膏。微晶玻璃板的干挂安装构造与天然石板饰面的不锈钢销做法基本相同。

（3）在钢结构建筑外表面安装时，微晶玻璃装饰板镶装于钢结构建筑外表面的做法，与安装于混凝土结构体墙面的方法基本相同，其不同之点是 L 形不锈钢连接件与主体结构（角钢、槽钢、工字钢等型钢组成的构架）的连接紧固处需要采用螺栓。

（4）安装混凝土结构、预制混凝土墙板时，要按照饰面板的布置尺寸准确卧入 $\phi 3mm$，不锈钢插销要留出端头，墙面施工时分别插入上、下微晶玻璃板的眼孔，饰面板缝内嵌入聚乙烯泡沫塑料圆棒条，缝口注入建筑密封膏，严密封闭。

25. 微晶玻璃装饰板在圆柱上怎样安装？

（1）采用微晶玻璃板的弧形板，进行钢筋混凝土圆柱结构体饰面时，可先用金属膨胀螺栓在基体上固定角钢件，角钢件与板材配套的金属件连接。沿板材的弧长，连接件与板材垂直于板端的距离为 150mm，板接缝宽度为 6~8mm，安装后按设计要求进行填充及注胶封闭缝隙。

（2）在型钢骨架圆柱结构体上装饰时（型钢骨架圆柱结构可以是大型钢管；也可以是角钢等型钢树立的柱体骨架），可先沿竖向按弧度板高分层固定扁铁，扁铁在水平方向胶圈；再按微晶玻璃的弧长设置用于板材安装的竖向杆件或基础件（薄壁槽钢或配套 C 形加工件），并在其两侧封闭，并以 L 形金属支架作增强；用螺栓角型件再以金属配件固定面层微晶玻璃板，内腔根据使用要求，可加设保温层。

26. 玻璃镜面的安装基本程序有哪些?

安装玻璃镜的基本施工程序是:

基层处理→立筋→铺钉衬板→镜面切割→镜面→钻孔→镜面固定。

(1) 基层处理

在砌筑墙体或柱子时,要预埋木砖,其横向要与镜面宽相等,竖向与镜面高度相等,大面积的镜面还需在横、竖向每隔500mm埋入木砖。墙面要进行抹灰,要根据安装使用部位的不同,有的还要在抹灰面上烫热沥青或贴油毡,有时还需将油毡夹于木衬板和玻璃之间,主要是为了防止潮气导致木衬板变形,及潮气使镜面镀层脱落,失去光泽。

(2) 立筋

墙筋为40mm或50mm见方的小木方,以铁钉钉于木方上。安装小块镜面多为双向立筋;安装大块镜面可以单向立筋,横竖墙筋的位置须与木砖一致。要求立筋横平竖直,以便于木衬板和镜面的固定。因此,立筋时也要挂水平和垂直线。安装前要检查防潮层是否做好,立筋钉好后,要用长靠尺检查平整度。

(3) 铺钉衬板

木衬板为15mm厚木板或5mm胶合板,用小铁钉与墙筋钉接,钉头没入板内。衬板的尺寸可以大于立筋间距尺寸,这样可以减少裁剪工序,提高施工速度。要求木衬板无翘曲、起皮,且表面平整、清洁,板与板之间的缝隙应在立筋处。

(4) 镜面切割

安装一定尺寸的镜面时,要在大片镜面上切割下来,切割时要在台案或平整地面上铺胶合板或地毯,方可进行。按照设计尺寸,用靠尺板做依托,用玻璃刀一次性从头划到尾,将镜面切割线处移到台案边缘,一手按住靠尺板,另一手握住镜面边,迅速向下扳裂。切割和搬运镜面时,操作者要戴手套。

（5）镜面钻孔

若选择螺钉固定，则需钻孔。孔的位置一般在镜面的边角处。首先将镜面放在操作台案上，按钻孔位置量好尺寸，标注清楚，然后在拟钻孔位置浇水，钻头钻孔直径应大于螺钉直径。钻孔时，应不断往镜面上浇水，直至钻透，注意要在钻透时减轻用力。

（6）镜面固定

1）螺钉固定：开口螺钉固定方式，适用于约 $1m^2$ 以下的小镜。墙面为混凝土基底时，预先插入木砖、埋入锚塞，或在木砖、锚塞上再设置木墙筋，再用 $\phi 3 \sim 5$ 平头或圆头螺钉，透过钻孔钉在墙筋上，对玻璃起固定作用。

2）嵌钉固定：这是将嵌钉钉在墙筋上，将镜面玻璃的四个角压紧的固定方法。

3）粘结固定：这是将镜面玻璃用环氧树脂或玻璃胶粘结在木衬板（镜垫）上的一种固定方法。在柱子上镶贴镜面时，多采用这种方法。适用于 $1m^2$ 以下的镜面，较为简便易行。

4）托压固定：这种方法主要靠压条压和边框托起，将镜面托压在墙上。压条和边框有木材、塑料和金属型材（也有专门用于镜面安装的铝合金型材），也可用支托五金件的方法。这种方法无须开孔，完全凭借五金件支托镜面质量，适用于 $2m^2$ 左右的镜面，是一种最安全的方法。

5）粘结支托固定：较大面积的单块镜面，以托压做法为主，也可结合粘贴加以固定。镜面本身质量荷载主要落在下部边框或砌体上，其他边框主要是起防止镜面倾斜和装饰的作用。

（7）几种特殊情况的处理

1）粘结组合玻璃镜面：在墙面组合粘结小块玻璃镜时，应从下边开始，按照弹线位置，从上而下逐块粘贴。在块与块之间的接缝处涂上少许玻璃胶。

2）墙柱面角位收边的几种方式

①线条压边法：在玻璃镜的粘结面上，留出一定的位置，以便安装线条压边收口固定。

②玻璃胶收边法：可将玻璃胶注在线条的角位，或注在两块镜面的对角口处。

③玻璃镜与建筑基面结合法：如果玻璃镜是直接安装在建筑物基面上，应检查基面平整度，如不够平整，要重新批刮或加装木夹板基面。玻璃镜与基面安装时，通常用线条嵌压或用玻璃钉固定（通常安装前，应在玻璃镜背面粘贴一层牛皮纸做保护层），线条和玻璃钉都是钉在埋入墙面的木楔上。

27. 不锈钢圆柱包面安装工艺"六部曲"是什么？

不锈钢圆柱包面施工很麻烦，而且往往不易做好。实践证明，只要严格按照这"六部曲"工艺安装施工，即可将不锈钢圆柱体饰面包得严密漂亮。

"六部曲"施工工艺流程是：柱体成型→柱体基层处理→不锈钢板的滚圆→不锈钢板安装和定位→焊接→打磨修光。

（1）混凝土柱的成型

为了便于后期进行不锈钢板的焊接，要在混凝土浇筑时预埋固定铜制或钢制冷却垫板。一般当所用的不锈钢板的厚度<0.75mm时，可在柱的一侧埋设垫板。当其厚度>0.75mm时，宜在柱的两侧埋设垫板。垫板可利用中部有浅沟槽或不开沟槽的垫板。因为不锈钢在施焊时，在其焊接热影响区域内聚集大量的热量，导致焊接变形。因此，在焊接时应采取措施予以反变形。当没有条件预埋垫板时，应通过抹灰层（或其他办法）将垫板固定在柱子上。另外，应注意将垫板尽量放在次要视线处。

（2）加工不锈钢板的滚圆

将不锈钢板加工成所需要的圆柱，是不锈钢包柱制作中的主要环节。常用的两种方法是手工滚圆和卷板机滚圆。对于厚度不同的钢板可采用不同的加工方法。当板厚<0.75mm时，可

用手工滚圆法，采用木棒头、钢管和支撑架来制圆，当然用卷板机质量更好，当板厚≥0.75mm时，宜用三轴式卷板机，一般不易一次滚成完整的柱面，可先滚成两个标准半圆，再焊接成一个圆柱面。

（3）不锈钢板安装和定位时的注意事项

1）钢板的接缝位置应与柱子基体上预埋的冷却垫板的位置相对应。

2）在焊缝两侧的不锈钢板不应有高低差。

3）焊缝间隙尺寸的大小应符合焊接规范要求（0~1mm），也应尽可能矫正板面的不平，并调整焊缝间距，保证焊缝处有良好的接触。最后可以用点焊的方式或其他方法将钢板固定。

（4）接缝的准备

对于厚度在2m以下的不锈钢板的焊接，考虑到钢板筒体并不承受太大的荷载，故一般均不开坡口，而采用平坡口对接焊接。如要开坡口，应在安装前做好坡口、为了保证焊缝金属能很牢固地附着，并使焊接金属的耐腐蚀性不受损失，无论对平口还是坡口焊缝都应做彻底脱脂和清洁。另一项准备是焊缝的两侧固定铜质（或钢质）压板，以防面板变形。

（5）焊接

从不锈钢的焊接性能来看，最合适的是接触焊，其次是融化焊。从实际应用情况及焊接技术水平来看，选择手工电弧焊和氧气乙炔气焊为多，但气焊适宜于焊1mm以下厚度的不锈钢板，尤其是奥氏体系的。手工电弧焊适用于不锈钢薄板，且应用较细及较小的电流。

（6）打磨修光

当焊缝表面没有太大的凹痕及粗大的汗珠时，可直接抛光。否则应先磨平修整，再用抛光机处理。

28. 怎样攻克不锈钢圆柱镶面施工难点？

在不锈钢圆柱上做镶面施工有一定的难度，但是，只要按施工工艺流程分步实施，其难点就会迎刃而解。

其工艺流程是：检查柱体→修整柱体基层→不锈钢板加工成曲面板→不锈钢板安装→表面抛光处理。

（1）检查修整柱体

安装前对柱体的平整度和圆度及垂直度要进行检查和修整。

（2）不锈钢板的加工

加工方法同"包面施工"，圆度可用圆弧样板检查。

（3）不锈钢板安装

镶面式不锈钢板的安装关键在于钢片与钢片间的对口处理。安装对口的方法主要有直接卡口式和嵌沟槽压口式两种。

直接卡口式安装：在两片不锈钢对口处，安装一个不锈钢卡口槽，该卡口槽用螺钉固定于柱体骨架的凹部。安装钢板时，将钢板一端的弯曲部勾入卡扣槽内，再用力推钢板的另一端，利用不锈钢本身的弹性，使其卡入另一卡口槽内。

嵌沟槽压口式安装：先把不锈钢板在对口处的凹部用螺钉（或铁钉）固定，再把一条宽度小于出槽的木条固定在凹槽中间，两边空出大小相等的间隙约1mm左右。在木条上涂刷万能胶，等胶面不粘手时，向上嵌入不锈钢槽条（之前用汽油或酒精洗擦槽内，并涂一遍薄层胶液）。

（4）注意事项

1）安装卡口槽及不锈钢条槽时，尺寸要准确。固定凹槽的木条也要准确无误。

2）在木条安装前，应先与不锈钢适配，木条的高度一般大于不锈钢槽深度的0.5mm。

3）如柱体为方柱时，应根据圆柱断面的尺寸确定圆形木结构"柱胎"的外圆直径和柱高，然后用木龙骨和胶合板在混凝土方柱上支设圆形柱，再做不锈钢饰面施工。

29. 门窗洞口处面砖排列有何讲究？

在室内墙面粘贴面砖时，必须充分考虑到门窗洞口处的面砖怎么排列。

首先要考虑到窗台的高度，窗台下的面砖一定要避免小半块砖，如果条件允许，可以在窗台上下增设瓷砖腰线，来调节瓷砖的高度；当瓷砖出现小于 1/2 砖的宽度时，要将一块整砖及一个小半块砖调成两个相等的大半块，放置于房间的阴角处；在建筑物的大厅或电梯口处。

当采用高档的地板砖或花岗岩石材时，大厅中间墙与大面墙统一考虑布置，尤其是窗台以下及窗间墙砖，窗台以下的横向缝与大面墙要对齐，窗台以下的窗间墙砖（或石材）尺寸与大墙面砖（或石材）尺寸，在宽度方向上基本保持一致，大于 600mm 的砖相差不宜大于 100mm。

对于电梯口处的墙面，尤其是两个电梯口之间墙砖（或石材），为增加美感，电梯口要做门套，门套的对角处要采用 45°割角，门套且突出墙面，这样更加突出了电梯口；对于门套两边的墙砖（或石材），高度方向上要均匀，并且与门套石材缝保持对齐。

在施工过程中，要注意面砖在花纹方向上要一致，天然石材的纹理在方向上要一致通顺。当采用面砖无法达到上述效果时，尤其是大厅墙面可以对门窗口采用细木装饰的方法来进行调整。

30. 通风道贴砖防开裂有何技巧？

现在，厨卫间多采用成品通风道进行排风排烟，这样做的好处是施工简便、环保美观。同时存在的问题是粘贴在排风道上的瓷砖，时间长了容易出现阳角开裂甚至脱落的现象。

究其原因，除了施工工艺和通风道、瓷砖等材料本身的质量问题外，最主要的原因是通风道的壁普遍较薄，不能有效避免通风道气流的扰动，造成刚粘贴上的瓷砖受通风道内气流扰动而粘结强度下降，从而造成开裂和脱落。

针对问题的症结，只要在施工过程中采取临时措施，将进入通风道的气流堵住即可解决问题。具体方法是：可选用牛皮纸将每层的通风道口封住，并且要严密，不使气流流通，待瓷砖粘贴完毕，砂浆达到一定强度后，再将牛皮纸揭开撕下，重新疏通通风道，恢复正常通风即可。

采取此方法需要注意的事项是：

（1）屋面通风道口封堵时要注意封堵物的选取，应既方便封堵和易清除，又能有效堵住气流而又不至于掉落进通风道造成堵塞。

（2）通风道上开口部位用牛皮纸粘贴时，牛皮纸大小以超出孔洞 5~8mm 为宜，这样既不影响瓷砖的粘贴施工，又能有效封堵。待瓷砖强度达到要求后，捅破牛皮纸，清理干净后即可进行下道工序施工。

（牛甜）

31. 洗涤盆与台面板之间缝隙如何巧处理？

厨房洗涤盆与台面板之间的缝隙，一般常用密封胶、普通水泥浆或白水泥浆嵌缝。这种做法由于洗涤盆外缘多不顺直，与台面板之间的缝隙宽窄不一，而容易出现嵌缝不密实、缝隙不顺直，宽窄不一以及色彩不协调等缺陷。若采用灌浆法处理洗涤盆与台面板之间缝隙，则可避免出现这些弊端。具体做法如下：

（1）先将台面板切割出比洗涤盆上口外包边长 40mm 的孔洞，再将台面板空洞套住洗脸盆安装好。

（2）洗涤盆与台面板之间的缝隙为 20mm 左右，台面板板面比洗涤盆上表面要高出 2~3mm。

（3）在缝隙下支设模板，将缝内清理干净，用与预制水磨石台面板相同色彩的 1:1.25 水泥石渣浆嵌填，在常温 15~20℃的条件下养护 2~3d，然后开用磨光机打磨，再用金刚石手工打磨 2 或 3 遍，直至光滑为止。台面板如为大理石板，可采用原台面板粉渣，加适量白水泥、胶水、颜料拌和后嵌填，待结硬后磨光即可，如图8-8所示。

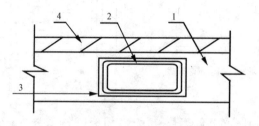

图8-8　洗涤盆与台面板缝隙处理示意
1—预制水磨石台面板或大理石台面板；2—洗涤盆；
3—缝隙石渣浆；4—墙体

用此办法处理洗涤盆与台面板之间的缝隙，其缝隙严密、光滑、色彩协调、观感质量好。

32. 伸缩缝外盖镀锌铁皮如何巧改不锈钢？

内墙面伸缩缝外盖，一般是由镀锌铁皮加工制成 V 形板。V 形尖角能够承受建筑两侧因温度变化引起的伸缩。但是，因为镀锌铁皮常常带暗斑，没有光泽，且墙中带凹槽，装饰在现代化工厂车间、办公楼往往显得美中不足。有的也将镀锌铁皮改成白色不锈钢板，不锈钢板洁白亮洁很好看，但是由于不锈钢板硬度大，施工过后经过一个冬春季节，钉在墙上固定钢板的胶粒钉经不住伸缩力的拉扯，有的明显被拉得歪斜，有的被拔出，而且凹槽也不好看。

对此，可做如下改进：把不锈钢板制成 5mm 深的浅槽板，槽板两侧的固定孔由原设计圆形改为长 10mm 长圆形孔，固定钢板时胶粒钉位于长圆孔中间，这样板的收缩由钢板的 V 形槽弹性收缩，转移到了板边长圆孔的自由收缩。改进前做法如图8-9所示。

改进后的作法，如图 8-10 所示。

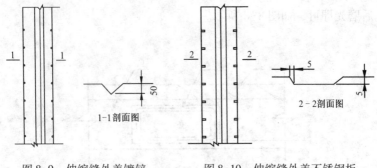

图 8-9　伸缩缝外盖镀锌　　　　图 8-10　伸缩缝外盖不锈钢板
　　　铁皮做法示意　　　　　　　　　做法示意

1-1剖面图

2-2剖面图

制成这种形状的伸缩板能自由伸缩，而且不锈钢板光洁白亮，安装好后板面基本与墙面齐平，无凹槽，很美观。同时这种板制作简单，且节约材料。

（朱奇恒）

33. 墙面勾缝如何处理更美观？

墙面砖勾缝中常出现的问题之一是勾缝剂发黑。这是在贴完瓷砖后，水泥砂浆没有完全干透，勾缝中的水分过高造成的。诱发点是水泥中的黑灰成分透析出来了。

还有一个常出现的问题是勾缝剂掉白粉。这主要是勾缝剂的强度不够。处理的最好办法是重新勾缝。勾缝时，要选用档次高、质量好的勾缝剂。

在墙面勾缝中除了采取措施，避免上述问题出现外，还要讲究怎样通过勾缝使墙面更加美观？这就要在选用勾缝剂的颜色上和施工操作时特别注意以下两点：

（1）墙面要基本以和砖同色或浅色为主，显得宽敞、大气；地面一般以同色或深色为主，方便清洗，不显脏。

（2）要按缝的宽窄，使用橡胶刮，对大于或等于2mm的砖缝做斗圆勾填；对于小于2mm的砖缝一般用钢刮勾搓为平缝。

34. 外墙劈离砖填缝如何巧改进？

外墙劈离砖填缝采用传统的灰匙喂缝做法：即把水泥砂浆（细砂∶水泥 = 1∶2）放在灰板上，抹平成约 8mm 厚（所选定的灰缝宽度）的浆板，再用分成 8×8mm 的条状往砖缝内送，然后用勾缝溜子进行勾缝。这种勾缝做法会造成以下质量问题：由于劈离砖铺贴时粘结砂浆会不同程度溢出，而填缝砂浆的浆条是固定厚度，故此法填缝必将造成深浅不一、表面不光滑、个别部位有孔洞等缺陷，而且尽管使用 42.5 级的普通硅酸盐水泥，还会出现不同程度的泛霜现象，严重影响了观感质量，而且该法工效较低。

若采用喂缝挤入法，即可避免出现上述质量缺陷。所谓喂缝挤入法施工工艺是：

（1）填缝材料为市场上供应的适用通体砖、劈离砖、文化砖、大理石等饰面材料的专用彩色陶瓷填缝剂。

（2）按专用填缝剂的使用说明书要求的水灰比（一般水灰比为 1∶5）加水，机械搅拌均匀后备用。

（3）从市场上购买面包房做生日蛋糕花饰的挤花袋，根据劈离砖缝的大小将挤花袋的圆锥顶端剪开需要尺寸，剪开的直径一般可比砖缝小 1~2mm。将搅拌好的填缝剂砂浆装入挤花袋，砂浆的充填量不超过挤花袋容量的 2/3，砂浆应填充密实，使挤花袋内的空气排净，以使挤浆时能够连续顺畅。挤浆时左手托住挤花袋，右手挤压挤花袋并向行进方向倾斜 45°~60°，用力要适度，尽量使挤出的砂浆均匀并高出砖面 2~3mm。

（4）填缝与压缝的时间间隔约为 30~90min（据实际情况而定），以手指压缝料不粘手、略干的手感为准，使用专用的勾缝溜子横竖压实每一条已填好的砖缝。一般多采用凹平勾缝，勾缝深度从砖面凹下 3~4mm。劈离砖接缝应平直、光滑、无明显接槎，填缝应连续、密实，宽度和深度应均匀一致。

（5）在使用勾缝溜子勾缝后，粘附在砖面上的填缝剂余料有失水干燥、手指触动掉落时，可使用干塑料毛刷清除使其脱落，剩余污渍可用海绵蘸水擦洗砖面。

（6）在填缝剂填缝完工后7d，可用清水清洗砖墙面，若有顽固污渍可使用盐酸溶液（盐酸∶水 = 1∶10）进行快速清洗，时间控制在2min以内，清洗前需先用清水润湿墙面，以免影响填缝剂的色调。清洗时戴橡皮手套及一些必要的防护，以免受侵害，切勿使用草酸等强酸强碱材料清洗，用盐酸溶液除掉污渍后应再用清水清洗干净。

（7）值得注意的是：在劈离砖粘贴7d后方可进行填缝作业，雨天不得施工，以免产生泛霜。

（鄢广相）

第九章　涂饰工程

1. 怎样鉴别内墙乳胶漆质量?

（1）市面上出售的内墙乳胶漆品牌众多，鱼龙混杂，应选择知名度高、信誉好的品牌。

（2）内墙乳胶漆的重要质量指标有漆膜耐擦洗性、环保性及涂抹遮盖力。

（3）耐擦洗性的测试可将涂料刷在一小块木板上，干后用湿毛巾做擦洗试验，如果反复擦洗不掉白、不透底的质量较好。

（4）环保性应看包装铁桶表面上的绿色十环标志，该标志是直接印刷在桶面上的，如果是粘贴在桶面上的很可能是假货，另外在打开包装时可以闻涂料气味，如果有怪味或臭味，则说明环保性较差，如果有较浓香味，有可能是加入了香料来掩盖涂料中的怪味，其环保性也值得怀疑。

（5）遮盖力好的涂料在相同的质量时能涂刷较大的面积而不透底。可在色纸或有色样板上涂饰上乳胶漆进行测试，已完全遮盖底色时，可以涂料的用量来评价其遮盖力。

一般乳胶漆的用量为：大桶包装的（每桶 18~20 kg）可刷两遍，涂刷面积在 90~120m² 之间。分色使用时涂料的损耗量会增加。

乳胶漆需要调色时，若用量大，可直接让经销商根据色卡用电脑调色系统调色，如果用量小，可在现场调色，调色时必须使用专用的色浆，将色浆先用水稀释后再逐步加入乳胶漆内，边加边搅拌，直至接近色卡的颜色。调色时一定要一次调足，宁可浪费，也不能不够，因为重新调色很难调出与第一次一样的颜色。

乳胶漆施工时第一遍涂刷最好选用配套的底漆，起封闭基层防潮、防碱等作用。

注意乳胶漆的最低施工温度，一般为10℃以上。温度过低，不能成膜。

乳胶漆施工前，涂刷的基层质量应符合要求，腻子应刮涂平整且要干燥，表面无浮粉；旧墙面的涂层应铲掉后重新批腻子。

2. 如何鉴别多彩涂料质量？

多彩涂料，因优异的综合性能与装饰效果而深受用户欢迎。市场上涂料良莠不齐，有的商家以次充好，用户应懂得多彩涂料的优劣，学会鉴别好坏。其鉴别的方法是：

一看市售多彩涂料：经过一段时间储存后，花纹粒子呈沉淀状态，上面浮着一层保护胶水溶液，约占涂料总量的1/4，质量好的涂料，水溶液呈无色或淡黄色，水质较清澈；质次的涂料，水质混浊或呈现与花纹彩粒明显同样的颜色。这说明涂料的稳定性差或储存过期，多彩粒子中的成分已向水溶液迁移、溶化，严重时会影响涂膜的清晰度与质量。

二看漂浮物：保护胶水溶液表面应没有漂浮物，有时有少量彩粒漂浮物亦属正常，但漂浮物多至布满水面，甚至有一定厚度时，则属质量欠佳。因为彩粒漂浮于水面的主要原因，是基料中含有气泡以及基料与色浆拌和成磁漆时产生少量气泡，致使部分彩粒密度小于保护胶水溶液密度。这部分彩粒漂浮于保护胶溶液表面，他们直接与空气接触，彩粒间没有保护胶水溶液的隔离，造成粒子相互融合而结皮，致使粒子形状散乱，并影响涂料的均匀性、操作性和装饰性。具体表现在施工时出料不均匀，出现堵管现象；喷涂上墙后，涂抹局部形成胶凝状彩粒疙瘩，涂层失去了整体性和均匀性。另外，漂浮于液面的彩粒，由于固体含量偏低，待水分与溶剂都蒸发后，在涂膜中如瘪谷一样，没有丰满度，会影响涂膜的质感。

三看粒子：用一只普通玻璃杯，盛半杯清水，另用一根筷子蘸少许涂料。此时，筷端的彩色粒子，肉眼观察应清晰易辨，粒子外层包有一层小膜，呈湿润透明状。将筷子端头涂料放入水中搅动，粒子在水中散开并很快沉淀。此时应注意观察粒子大小、形状与均匀程度。质量好的涂料，杯中水仍应显得清澈见底，粒子在水中相对独立，没有粘合在一起的"阴阳离子"；粒子形状可以是圆形薄片，或者像芝麻，或者如瓜子，形状应统一；粒子大小亦应基本均匀，除非有意设计成大粒子饰面外，粒径不能相差特别悬殊。相反，质次的涂料在筷子上呈面糊状，不易分辨粒子的形状与大小；浸入水中，水溶液立即变得浑浊不清，颗粒大小呈现两极分化，小部分大粒子如面疙瘩，大部分呈绒毛状细小粒子或者是原有颜料、填料粒子及他们的聚集体弥散在水溶液中。这样的涂料喷涂上墙后，花纹、质感与整体性都很差，与多彩涂料特有的装饰效果相差很远。

上述"三看法则"的正确应用，有助于用户把好进料关，为获得多彩涂料饰面层应有的质量性能指标与装饰效果提供了材料保证。

（王春）

3. 怎样配制和使用内墙腻子？

（1）内墙腻子可采用市面出售的成品腻子，按照包装说明加入适量的水调匀就可以直接使用。但为了保证腻子的粘结力，避免墙面腻子开裂、起皮，应在调制时再加入质量分别为5%的白乳胶或2%的熟胶粉，配制时先将熟胶粉用水溶解开，加入白乳胶搅匀，然后再将内墙腻子倒入搅匀。

（2）内墙腻子也可采用双飞粉（大白粉）与白乳胶和熟胶粉现场调配，配比为：双飞粉∶白乳胶∶熟胶粉 = 100∶10∶2（质量比）。配制时先将熟胶粉用水溶解开，加入白乳胶后搅匀，然后再将双飞粉倒入搅匀，加入适量的水，调匀即可。

（3）腻子用量一般为每遍每平方米墙面面积使用0.8kg腻子（湿腻子）。墙面平整度越好，腻子用量越少；墙面平整度越差，腻子用量越多。

（4）施工时，将腻子用不锈钢抹子刮在墙面上，每遍厚度1mm左右，不能超过2mm。一般墙面须刮2或3遍，最好一遍完全干后，再用砂纸打磨平整，然后刮第2遍。

4. 怎样配制外墙腻子？

（1）外墙腻子可采用市面出售的成品腻子，按照包装说明加入适量的水调匀就可以直接使用。但为了保证腻子的粘结力，避免墙面腻子开裂、起皮，应在调制时再加入质量分别为5%的白乳胶或10%的801胶，配制时先将801胶用水稀释后，然后再将外墙腻子粉倒入搅匀。

（2）外墙腻子也可采用白水泥与白乳胶或801胶现场调配，配比为：白水泥∶801胶∶水＝5∶1∶1（质量比）。配制时先将801胶用水稀释，然后再将白水泥倒入搅匀，加入适量的水，调匀即可。

配制外墙腻子所使用的粉料不允许使用耐水性差的大白粉和老粉。

（3）施工时，将腻子用不锈钢抹子刮在墙面上，每遍厚度不能超过2mm。一般墙面须刮2遍，最好在一遍完全干后，用砂纸打磨平整，再刮第2遍。

5. 怎样选用油漆？

（1）油漆主要用于木材表面，也可用于金属表面涂饰。

（2）普通混油涂饰工程可以使用调和剂，价格低，施工方便。单漆膜较软且易黄变。如使用醇酸磁漆，则漆膜更光亮，效果更好。木材表面普通清漆涂饰工程可选用醇酸清漆。

（3）木材表面高级涂饰工程一般选用聚酯漆，其特点是漆膜干燥快，干后漆膜坚硬，不宜变黄，但价格高，施工难度大。聚酯漆有清漆和白漆两大类，每种漆又分底漆和面漆，面漆根据漆面亮度又分为亮光漆、哑光漆和半哑漆，应根据设计要求选用。

（4）油漆使用的稀料要与使用的油漆配套，普通调和漆或醇酸漆的稀料可使用汽油或 200 号溶剂油、酒精、松香水；聚酯漆的稀料是专用套装，聚酯漆的稀料又分冬用型和夏用型，购买时应根据施工季节，检查稀料是否配装正确。

6. 混油工艺知多少？

混油工艺分为喷漆、擦漆及刷漆等不同的施工工艺，各种工艺都有自己的特点。一般普通的工艺即为刷漆，涂刷效果一般会在漆膜上有刷痕，不能成为高级工艺。中高级工艺都以喷漆或擦漆为主，板材饰面要求不是很高，一般采用大芯板衬底、松木或曲柳、榉木等硬木收口都可，做造型也可使用密度板。擦漆为高级工艺。木材及底层处理同中级工艺一样，但是，油漆工艺则不同，擦漆是用脱脂棉花纱布，蘸上稀释好的硝基磁漆，慢慢地在木器表面涂擦，一般涂擦遍数在 10 遍以上，最后才能达到好的效果。

但混油的工艺也有它的特点，其一是漆膜容易泛黄，所以在施工中，最后在油漆中加入少许的黑漆或蓝漆压色，使油漆漆膜不容易在光照下泛黄；其二是在木材接口处容易开裂，所以，在接口处理上一定要仔细，木材一定要干，最后才能达到圆满的效果。

7. 油漆施工有何讲究？

（1）油漆的用量：油漆用量为每遍 1kg，油漆涂刷面积 4～6m²，一般涂刷为 6m² 左右，喷涂为 4m² 左右。相同面积，清漆的用量适当减少，而混漆的用量应适当增加。

（2）基层处理：油漆的施工，基层处理是关键，应用腻子刮平，腻子应牢固，并用砂纸打磨平整。涂刷油漆时，木基层的含水率不能超过 12% 。

（3）油漆的施工

1）普通调和剂、醇酸磁漆一般可以采用涂刷工艺，使用喷漆施工工艺可以取得更好的表面效果，但喷涂是每遍不能过厚，过厚易造成流淌现象。第一遍干透后（一般 24h 左右）可喷下一遍，喷涂下一遍油漆前，应用细砂纸打磨。普通调和剂、醇酸磁漆涂刷一般进行 2 遍或 3 遍。

2）聚酯漆一般采用涂刷施工，要使用羊毛刷，5h 以后可以刷下一遍，刷涂下一遍油漆前，应用细砂纸打磨。聚酯漆一般涂 5 遍或 6 遍，通常采用 2 底 3 面（即 2 遍底漆、3 遍面漆）施工，每一遍不能过厚。

8. 对各种有问题的涂装基层如何处理？

（1）一般处理步骤

首先检查基层，检查时应注意以下几点：

1）检查基层的表面有无裂缝、麻面、气孔、脱壳、分离等缺陷。

2）检查基层表面有无粉化、硬化不良、浮浆以及有无隔离剂、油类物质等。

3）检查基层的含水率及碱性状况。

4）金属制品表面的油脂、有机污渍及锈斑。

（2）基层清理

主要是去除表面附着物和不符合要求的疏松部分、粉化层、旧涂层、油迹、隔离剂、密封材料沾染物、锈迹、霉斑等缺陷。

（3）各种问题基层的处理

1）混凝土浇筑时漏出的水泥浆和砂浆等附着物，必须进行剔槽清理，使表面平整。

2）现浇混凝土、混凝土预制板材、加气混凝土板材等的表面，如存在粉化析白（白霜）、浮浆皮、尘埃、油脂以及隔离剂等附着物时，必须先清除再进行基层处理。

3）加气混凝土板材、硅酸钙板等的表面，与混凝土及水泥砂浆等相比强度低，因而会导致涂料由于表面的凝聚破坏而剥落。

4）混凝土表面的裂缝、蜂窝以及其他基层缺陷，特别是外墙面，需预先检查并处理。至于干燥收缩引起的龟裂裂缝等，因为是要经过很长时间才能稳定，可根据各种基层的具体情况进行处理。混凝土预制板材及加气混凝土板材等吊装运输时产生的缺损部位及修补部分，应检查有无剥落及开裂情况，亦应先进行基层处理。

5）基层必须尽可能的干燥，可以进行涂料涂装施工的含水率一般应控制在 10% 以下。

6）水泥木丝板、水泥刨花板及硅酸钙板等工厂预制的板材类基层表面上安装的五金铁件及安装板材、胶合板所用的木螺钉和钉子等，要进行有效的防锈处理。

7）金属制品基层处理：

①表面油污清除法：金属制品表面的油脂及有机污渍通常采用三氯乙烯或四氯乙烯、四氯化碳等溶剂进行清洗，清洗方法有浸洗法、喷射法和超声波法等；碱液清除法是利用碱的水溶液如氢氧化钠水溶液，但它对锡、铅、锌、铝制品有腐蚀作用，或者用碱性盐也可。

②表面除锈处理：手工除锈主要用纱布、钢丝刷、锉刀、电动除锈工具等；

③金属表面经过除锈后，应在 8h 内尽快涂刷底漆，等底漆充分干燥后（一般要 48h 后）再涂刷第二层油漆，且这两层防锈漆间隔不应超过 7d。对有些金属在除锈后可采用表面磷化处理来避免重锈，当金属表面镀锌时，应选用 C53-33 锌黄醇酸防锈涂料为底漆，面漆宜用 C04-45 灰醇酸磁漆。金属面涂刷涂料一般宜为 4~5 遍。

9. 油漆画线有何小窍门？

在装饰装修工程中，常遇有画油漆线条的事，有时线条要求较细还要直，采用日常工具和方法不易满足要求。先介绍一种方法可将油漆线画得细又直。具体操作方法是：

（1）找一个6号以上的注射针，将针的细长段截掉，注射器吸入油漆，套上针头即开始可画线。

（2）画线时，右手的拇指、食指和中指捏住针筒下端，手心推压活塞，沿预画铅笔线，匀速移动，油漆就会均匀流出，形成光滑均匀的细线条。

10. 油漆刷子如何巧改进?

在装修施工中，涂刷油漆和银粉，它是既要求细致而又极易造成污染的一道工序，特别是在刷暖气或给、排水管道靠墙体的一面时，既看不见，刷子又很难刷到位，有时还会污染墙面。

其实，只要改进一下油漆刷子，即可解决这一难题。具体改进方法是：

（1）将毛刷木手柄部分锯掉，再找一铁板条，一端为平板，另一端卷3cm长的边安装上木手柄。平板一端毛刷用木螺钉固定牢固即可，如图9-1所示。

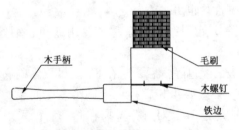

木手柄
毛刷
木螺钉
铁边

图9-1　铁板卷边手柄安装示意

（2）如果想更简便些，可就地取材，找一块塑料管或竹板，按上述方法改进，也同样适用。

经过改进后的毛刷使用起来非常自如，既提高了功效，又保证了质量，取得了预期效果。

（姚宝仓　姚秉臣）

148

11. 怎样正确判断黏稠度适当的胶粘剂？

采用墙纸、墙布糊裱墙面，离不开胶粘剂。胶粘剂的黏稠度对于墙纸、墙布的糊裱质量至关重要。因此，使用胶粘剂除按正确的操作方法和在规定时间内用完外，还必须严格按配合比，调配稠稀度适当的胶粘剂。

正确判断胶粘剂黏稠度的方法很简单，在配制时，只要将一根筷子插入调好的胶粘剂中。如筷子倒下，表明胶粘剂太稀，水加得太多；若筷子直立，表明胶粘剂黏稠度基本适当，即可放心用之粘贴墙纸、墙布了。

12. 如何涂刷砂壁状建筑涂料？

砂壁状建筑涂料的涂装以喷涂为主，有时受到条件的限制，也有采用抹涂涂装方法的。抹涂涂装即直接用钢制刮刀将涂料涂于经处理的坚固基层上（基层处理要求干净、平整、坚固），一般一遍成活。待 24h 干燥后按产品说明书刷涂配套罩光剂即可。具体方法如下：

（1）涂封闭剂：基层涂两道封闭剂，第一道涂完后，稍干燥后再涂第二道。

（2）喷涂涂料：封闭剂干燥后即可喷涂砂壁状建筑涂料。喷涂时，喷斗一般垂直墙面 40cm 左右，不得斜喷，喷斗出气量要均匀，呈面状地粘在涂料上。喷涂的方法以鱼鳞划弧或横线直喷为宜，以免造成竖向印痕。

（3）在砂壁状涂料干燥后，即可喷罩光剂，喷涂时使用 2cm 的喷嘴。罩光剂喷出后应呈雾状，喷涂要均匀，不要漏喷，一般罩光剂应喷涂两道成活。这样能够形成一定厚度的薄膜，把彩砂覆盖住，可以增强这类涂膜对彩砂颗粒的粘结能力和耐污染能力。

13. 怎样涂刷仿瓷涂料?

（1）基层处理应符合下列规定

1）清扫：先将抹灰面的灰渣及疙瘩等杂物用开刀铲除，如表面沾有油污时，应用煤油等揩擦干净，最后用棕刷将表面灰尘清刷干净。

2）填补缝隙、打磨砂纸：表面清洁后，应用乳胶腻子将墙面的麻面、蜂窝、洞眼、残缺处填补好，乳胶腻子的配合比（重量比）为聚醋酸乙烯乳胶:滑石粉:2%羧甲基纤维素溶液 = 1:5:3.5，并按所需稠度适量加水。如洞眼、裂缝等较大较深时，宜用白水泥腻子填补密实，其配合比为白乳胶:白水泥:水 = 1:5:1。用开刀将腻子与面层刮平，待腻子干后再用砂纸打磨平整。

3）满刮腻子：当局部刮腻子已将较大的缝隙填平打磨以后，应满刮腻子一遍，要求刮抹平整、均匀、光滑，不得留有野腻子，所有微小裂缝及前遍腻子干后收缩裂缝及残缺不足之处，均须刮满且要密实平整，线脚及边棱要整齐。同时，应一刮挨一刮地沿着物面横刮，最多只能刮二个来回，尽量刮薄，不得漏刮，接头不得留槎，不要沾污门窗框和其他物面，否则，应及时清除。磨光：待腻子干透后，用1号砂纸裹着平整小木板，将腻子渣及高低不平处打磨平整，用力要均匀，保护好棱角，磨后用棕笤帚打扫干净。

4）刮第一遍涂料：用木棍将涂料搅匀，用专用的钢皮刮刮涂，刮涂要均匀，厚薄一致。涂料干燥后，用砂纸裹木块将涂料的不平整之处打磨平整。

5）刮第二遍涂料：用与第一遍同样的方法刮好第二遍涂料，并磨平。

6）刮第三遍涂料并收光：第二遍涂料干透后，进行第三遍涂料，第三遍涂料刮完后，应根据涂料的干燥程度，及时进行收光，以达到涂料表面明净如瓷的效果。

（2）成品保护

1）每次涂刷前均应清理周围环境，防止尘土污染涂料。涂料未干燥前，不得清扫地面，干燥后也不得挨近墙面泼水，以防沾污涂料面。每遍涂刷后，应将门窗关闭，防止摸碰，也不得靠墙立放铁锹等工具。

2）在施工中遇到气温突然下降、曝晒，应及时采取必要措施进行防护。

3）搭拆架子、搬运料时，不得碰撞墙面。室内清理建筑垃圾时，不得从窗口往外乱仍，防止污染墙面。

4）刚刮完的涂料严禁遇水。

14. 怎样涂刷水性丙烯酸酯防水涂料？

（1）基层处理：对砂浆混凝土及砖砌体基层表面的要求是干净、平整、无杂质、干燥；另外，对穿过基层的管道、铁件、电器插座四周应剔成环形槽，再用乳液改性砂浆嵌填、压实、抹平；干燥的基层，特别是砖砌体表面要喷水湿润处理，并注意用干布擦去游离水分，以提高与基层的粘结力。

（2）防水层施工：将水性丙烯酸酯防水涂料加质量份数为40%～50%的水稀释搅匀，在已处理好的基层上涂刷 1～2 道，这样可以提高涂料向基层内的渗透，增加其对基层的粘附强度。

（3）注意事项

1）产品应在 0～50℃ 的温度范围内储存。产品的储存，运输均可按非燃烧品处理。

2）雨、雾天或有这些天气情况时不得进行施工，遇有不测天气应及时用防水塑料布妥善遮盖施工作业面。

3）0℃ 或以下温度时不得施工，因为如果气温低于这类涂料的成膜温度，涂层则不能成膜而受到永久性破坏。

4）对于结构的特殊部位，例如转角处、女儿墙、穿线管、排气孔，可作局部增强处理，多增加涂层厚度，或者加无纺布增强抗裂纹能力等。

15. 金、银粉涂料如何调配？

金粉是由锌铜合金制成的鳞片粉末，银粉是鳞片状的铝粉。金粉与银粉相比，比重大而遮盖力差，反射光和耐热能力也不强，故金粉常与银粉相配合使用，才能取得较好的装饰效果。

金粉漆的配合比一般为：金粉∶油性清漆∶松香水 = 35%∶61%∶4%；银粉漆的配合比一般为：银粉∶油性清漆∶松香水 = 30%∶65%∶5%。

16. 怎样调配水色、酒色和木器腻子？

（1）调制水色：用水与黑纳粉或黄纳粉、墨汁等染料配制成的颜色溶液称水色。水色所用的染料，应根据所要求的颜色选择配制。可以用一种染料进行染色，也可用两种或两种以上的染料混合染色。在配制水色时，不但要掌握染料的配方用量，而且还要弄清所配出的配方适于染哪些颜色的木材、腻子与水粉，这样才能使染料均匀一致。配制的水色应比预定的样板深一点。因为水色干燥后会变淡，黄纳粉与黑纳粉里含有胶水，应用开水浸泡，使其充分溶化。用热水调成的水色，应待溶液冷却后再涂刷，否则，因热水容易浸透，会造成发花现象。水色调成后，最好用细纱布过滤，除去未溶化的燃料颗粒，以防未溶化的颗粒染料在上水色时经涂刷而化开，造成色泽不匀。在配制水色时，应加点熟猪血或海藻酸钠之类的胶质，以增加它的胶粘性。

（2）调制酒色：将一些碱性染料或醇溶性染料溶解于酒精或虫胶漆液中，称酒色。酒色一般都使用碱性染料，因为碱性染料在酒精中容易溶解。常用的碱性染料有碱性嫩黄、碱性橙、碱性紫等。酒色的优点是色彩鲜明，渗透性好，不会引起木材的膨胀和产生浮毛等现象。这比用酸性染料配制的水色要好。缺点是容易褪色，也易产生色调浓淡不匀的毛病。由于干燥迅速，操作比水色困难。传统方法刷涂的酒色，是将染料溶解于虫胶漆中而成。这种酒色不仅成本高，而且比较难刷；如遇潮气，还会产生发白现象。新方法使用的酒色，是将所需用的染料溶解于酒精中即成。这样做不仅成本低，颜色鲜艳，省工、省料、省力，而且还不会因场地有潮气而使表面发白或产生颜色不匀的弊病。刷完后的刷子可用清水洗净。

酒色的配制过程与水色大体相同。一般将染料加在酒精或虫胶漆中即可。虫胶与酒精的比例约为1:5。具体配比如下：

棕黄色：用黄纳粉:酸性黑:酒精=5:3:92；

棕红色：用碱性品红:黑纳粉:酒精=3:2:95；

橙黄色：用块子金黄:酒精=3:97；

橙红色：用酸性橙:酒精=5:95；

紫红色：用碱性品红:碱性品绿:酒精=4:2:94。

（3）调制腻子：腻子是用大量填料与胶粘剂等混合制成的膏状物，也叫填泥。其作用是将物体表面的洞眼、裂缝、砂眼、木纹眼等各种缺陷填实补平，以得到平整的物面，既节省涂料，又能增加美观。

17. 怎样调配可使涂料颜色更纯正？

成品油漆的色调虽然多种多样，但在装饰施工中仍不能完全满足设计和使用的要求，需要自己来调配颜色。

配颜色的依据有两个：一个是按文字或口头要求调配的颜色。比如调配中绿色，任何黄色和蓝色都可调配成中绿色，但只有在黄色和蓝色纯度较好的情况下调的中绿色才比较纯正鲜艳。另一个是按样板要求进行调配。这主要靠实践经验，并与颜色色板进行对照，识别出色板的颜色是由哪几种单色组成，各单色的比例大致是多少，然后用同品种的涂料进行反复试配直至与样板相同或相近。

漆颜方法及注意事项如下：

（1）试配小样。首先确定油漆样板或样品内含多少种颜色的复色漆，再估算其参加配色的各种色漆的重量，作为调配大样的依据。测重的简便方法是：将用于配色的两种以上的色漆分别装入容器内，秤其毛重，调色完成后再称一次，两次称量之差，即求得用于配色的各种色漆的重量。

（2）配色时，应先加入主色漆（使用量大，对着色影响不大的色漆），再以着色力较强的色漆为副色，慢慢地、断续地加入主色漆内，并不断搅拌。对照样板或样品，随时观察，调调看看。一定要耐心地调配，才能调出符合要求的颜色。例如配制米黄色漆，应先把白色漆倒入容器内，然后慢慢地加入黄色漆，不断搅拌，直到颜色符合要求为止。调配天蓝色漆，也是要先将白色漆调入容器内，再逐渐加入蓝色漆直到满意为止。

（3）配色时必须考虑到，色漆在湿时色浅，干了以后颜色就会转深。因此在配色过程中，湿漆的颜色要比样板上的油漆颜色略淡一些，事先应了解某种原色在复色漆中的漂浮程度以及漆料的变化情况。

（4）调色时，还应注意添加一些辅助材料如催化剂、固化剂、清漆、稀释剂等。如果是在冬天，气温低需加催干剂时，应先把催干剂加入再开始调配，否则会影响色调。

（5）颜色常带有不同的色头，比如在配正绿时，一般要用带绿头的黄与带黄头的蓝；配紫红时，应采用带红头的蓝与带蓝头的红，就是说不能采用单纯的蓝色和红色，必须采用带微量红色的蓝与带微量蓝色的红色颜料。

（6）配色时，加不同分量的白色可将原色或复色冲淡，得到深浅程度不同的颜色，如淡蓝、浅蓝、天蓝、中蓝、深蓝等。加入不同分量的黑色，可得到亮度不同的各色色彩，如灰色、棕色、褐色、草绿等。

（7）涂料稠度的调配。因贮藏或气候原因，造成涂料稠度过大，应在涂料中掺入适量的稀释剂，使其稠度降至符合施工要求。稀释剂的分量不宜超过涂料重量的20%，超过就会降低涂膜性能。稀释剂必须与涂料配套使用，不能滥用以免造成质量事故。如虫胶漆须用乙醇，而硝基漆则要用香蕉水。

（8）着色剂的调配。用于木材面上着色剂的调配主要是水色、酒色和油色的调配。调色过程中有如下技巧：

1）调色时需小心谨慎，一般先试小样，初步求得应配色涂料的数量，然后根据小样结果再配制大样。先在小容器中将副色和次色分别调好。

2）先加入主色（在配色中用量大、着色力小的颜色），再将染色力大的深色（或配色）慢慢地间断地加入，并不断搅拌，随时观察颜色的变化。

3）由浅入深，尤其是加入着色力强的颜料时，切忌过量。

4）在配色时，涂料和干燥后的涂膜颜色会存在细微的差异。各种涂料颜色在湿膜时一般较浅，当涂料干燥后，颜色加深。因此，如果来样是干样板，则配色漆需等干燥后再进行测色比较；如果来样是湿样板，就可以把样品滴一滴在配色漆中，观察两种颜色是否相同。

5）事先应了解原色在复色漆中的漂浮程度以及漆料的变化情况，特别是氨基涂料和过氯乙烯涂料，需更加注意。

6）调配复色涂料时，要选择性质相同的涂料相互调配，溶剂系统也应互溶，否则由于涂料的混溶性不好，会影响质量，甚至发生分层、析出或胶化现象，无法使用。

7）由于颜色常带有各种不同的色头，如果配正绿时，一般采用带绿头的黄与带黄头的蓝；配紫红时，应采用带红头的蓝与带蓝头的红；配橙色时，应采用带黄头的红与带红头的黄。

8）要注意在调配颜色过程中，还要添加的哪些辅助材料，如催干剂、固化剂、稀释剂等的颜色，以免影响色泽。

9）在调配灰色、绿色等复色漆时，由于多种颜料的配制，颜料的密度、吸油量不同，很可能发生"浮色"、"发花"等现象，这时可酌情加入微量的表面活性剂或流平剂、防浮色剂来解决。如常加入0.1%的硅油来防治，国外公司生产的各种表面活性剂，需分清用在何种溶剂体系，加入量一般在0.1%～1%。

10）利用色漆漆膜稍有透明的特点，选用适宜的底色可使面漆的颜色比原涂料的色彩更加鲜明，这是根据自然光反射吸收的原理，底色与原色叠加后产生的一种颜色，涂料工程称之为"透色"。如黄色底漆可使红色更鲜艳，灰色底漆使红色更红，正蓝色底漆可使黑色更黑亮，水蓝色底漆使白色更洁净清白。奶油色、粉红色、象牙色、天蓝色，应采用白色做底漆等。

18. 如何使花纹涂料更多彩？

多彩花纹内墙涂饰是由封底涂料（可用溶剂型氯乙烯树脂溶液或丙烯酸醋乳液）、中层涂料（可用耐洗刷性好的乳液涂料）和多彩面层涂料组成。

其施工涂刷操作要点如下：

（1）刮腻子：用10∶1的水与醋酸乙烯乳胶稀释液将腻子调匀。满刮两遍，第一遍横向刮抹平整，线角及边棱要齐直；第二遍竖向刮抹，两遍之间要隔开1~2d，要待前一遍完全干燥后涂刷下一遍，每遍干后，均用砂纸打磨平整。

（2）对石膏板墙面，需先用腻子批嵌石膏板的对缝处和钉眼处。因石膏板墙面吸水快，如不加处理直接在其上涂装乳胶漆，则会影响乳胶漆的流平性，因而应在批嵌腻子以后，刷一道108胶稀释液（108胶∶水=1∶3）进行封闭处理。

（3）对于木夹板表面，尚需进行一些特殊处理。这是因为木夹板随温度的变化出现较大的胀缩，常常造成涂膜表面开裂。因而可先用白平布和聚醋酸乙烯乳液将木夹板接缝的表面粘结1~2层白平布。然后再用腻子批嵌钉眼及对缝处，并以此粘结好布的周围。第二遍批嵌要注意找平大面，最后用0~2号砂纸打磨处理。

（4）对于旧墙面应先清除浮灰，不能铲除的应用洗涤剂彻底清洗干净。墙面清理好后再用腻子批嵌两遍。最后用砂纸打磨处理。

（5）底层涂料喷（滚）涂：底层涂料的主要作用是封闭基层，提高涂膜的耐久性。一般两遍成活，第一遍喷涂后约4h左右即可做第二遍。

（6）中层涂料施工：采用两遍滚涂成活。第一遍先横向后纵向滚压，一面墙要一气呵成。第一遍干后（约4h左右），用砂纸打磨。第二遍干后，则可涂刷面层。

（7）多彩面层喷涂：作业室温要高于5℃，且要把多彩涂料搅拌均匀，搅拌时不可用电动搅拌枪，以免破坏多彩颗粒。喷涂时，要求现场空气畅通，严禁明火，工人应佩戴防护用品。一般喷涂一遍成活，如涂层不均时，应在4h内进行局部补喷。喷涂完成后，应用清水将料罐洗净，并清洗喷枪。

19. 玻璃表面怎样涂装涂料？

因为某些情况和要求有时需要在玻璃上涂装漆。在玻璃表面涂刷漆一般有两种情况，一种是涂刷透明的漆，另一种是涂刷出无光玻璃。涂刷透明漆的方法是：

（1）在玻璃上涂刷透明色漆，或涂刷加碱式颜料的硝基清漆，也可用醇酸清漆或酚醛清漆涂刷在玻璃表面，干燥后，浸入用清水溶解好的染料溶液中，隔2~3min取出并晾干。

（2）用涂刷漆的方法制造无光玻璃有两种方法：一种方法可得到有花纹的无光玻璃，另一种方法可得到半透明状的类似磨砂玻璃。

（3）将饱和的硫酸镁水溶液，用刷子均匀地涂刷在洗净的玻璃上，待薄层溶液的水分蒸发后，硫酸镁即在表面结成美丽的花纹，再刷一层醇溶酚醛清漆，使硫酸镁结晶体牢固地附着在玻璃上，这就是美丽的花纹无光玻璃。

（4）用稠厚的锌白厚漆或白调和漆，以松节油或200号溶剂汽油稀释，用刷子均匀地涂刷在洗净的玻璃上，用纱布棉球在玻璃上拍涂，达到半透明状，即成半透明状的类似磨砂玻璃。此法施工方便，但是漆膜易碰掉。

（5）玻璃表面光滑，无吸收漆的毛细孔，表面的油污、灰尘和水分严重影响漆和玻璃之间的粘结力。涂刷时易产生漆刷不均匀和流挂等现象，漆膜在玻璃上干硬后，还会出现漆膜剥离和掉落，影响装饰效果。

（6）为了使漆膜能牢固地粘结在玻璃上，且使涂层厚薄均匀，必须处理好玻璃的面层。粘结在玻璃上的油污，可用去污粉或丙酮擦洗，清除油污和灰尘后，要用清水冲洗，待干燥后才可涂刷漆和硫酸镁水溶液。为了使漆膜牢固地粘附在玻璃表面上，可用人工方法或化学腐蚀的方法将玻璃表面打毛。人工打毛，是用棉纱蘸砂轮粉末等研磨剂，在玻璃表面上反复涂擦，直至轻度均匀变毛糙为止；化学腐蚀，是用氢氟酸轻度腐蚀玻璃表面，使其表面有一定的粗糙度。人工打毛和化学腐蚀都要用清水冲洗，使其表面洁净后再晾干。玻璃的表面经这样处理后再涂刷漆，就可保证漆的质量。

20. 怎样在石砌墙面上涂刷乳胶漆？

在石砌墙面上涂刷乳胶漆，可以增强石砌面的装饰性和整洁性。但是，由于石砌墙面石面光滑、石块间缝隙大、有空洞、墙面返潮，乳胶漆极易从石砌面上脱落。

怎样在石砌墙面上涂刷乳胶漆？具体操作方法是：

（1）首先是要选用耐久性好、附着力强的乳胶墙面涂料、水泥涂料、橡胶涂料及特殊的墙面油基涂料。

（2）石砌墙面在涂刷前，最好经大气干燥透。一般需搁置6个月到1年；但如采用酸洗措施可缩短到2个月。其方法是用耐酸硬毛刷蘸上1:4的盐酸溶液刷洗表面，中和其所含的碱质，然后用清水洗涤。已涂刷过涂料的表面应将已剥落或粉化严重的旧漆膜全部除掉，特别是大白浆或石灰浆，由于其不与其他涂料粘附，即使表面状况良好也要将之全部除掉。

（3）基层处理。在墙面干燥后，先用钢丝刷除去脏物和砂粒，然后用清水冲洗，再用强洗涤剂或去油剂除去油脂和污迹。

（4）修补裂缝和洞穴。先将松动部位凿掉挖出，将水泥、砂子和水调成膏状（水泥砂浆），用旧刷子将修补处蘸湿，然后用铲刀将水泥砂浆填在修补处并压实，使其不留气穴，潮湿养护2d（两昼夜）。如要使修补面形成石头的纹理，可在修补后1h左右修理成仿石纹理，待修补面完全干燥后才能涂刷涂料。

（5）涂刷底、面漆。如同木质面、金属面一样，石砌面在涂刷面漆前也需要涂刷一层优质的底漆，待底漆干燥后再涂刷面层漆。在刷漆时，常使用长柄的圆形硬毛刷，这种毛刷涂刷省力、耐磨，又容易使涂料渗入。用长柄的圆形硬毛刷涂料时，走刷要成圆形，收刷要轻。

（6）涂刷注意事项。在砖石面上刷涂乳胶漆时要先喷水雾，湿润表面，以防止涂料中的水分被基层吸收过多，涂料干燥过快，引起掉粉现象。涂刷地下室一类的墙面时，应使用透气性好的涂料。

21. 怎样涂刷好"好涂壁"？

"好涂壁"涂料是引进国外先进技术，结合我国实际情况而生产的新型高级内墙多彩立体涂料。其色彩柔和、透气性好、防潮效果也好，无刺激、无异味，且有流砂、浮云、花雨、轻羽等多种质感和色彩，适用于任何基层的室内墙面，其操作工艺要求严格。怎样涂刷好"好涂壁"涂料？具体操作要点是：

（1）涂抹施工前，做好基层处理。待基层完全干燥后，将基层表面的脏物、浮灰清理干净，并修补墙面使之平整。若基层有铁钉应除去或涂上防锈漆，以免产生锈点，如是木基层、石膏板，则需刷一道封闭底漆或普通清漆。

（2）从袋中取一小袋乳胶，拆开后倒入盆中，用适量的水将其稀释。

（3）将稀释好的乳胶溶液倒入"好涂壁"涂料干料中，边倒入边搅拌，并逐渐加入适量的水，调成适宜涂料抹的糊状液体。涂料拌好后存放20min即可使用。

（4）"好涂壁"涂料可在塑料或不锈钢上涂抹施工，除需要具有吸声效果的特殊要求外，饰面仅需盖住墙面即可。涂抹时，用抹子抹压平整，不使其留下抹子痕迹，但应注意不要过分地进行抹压。为达到自然流畅的效果，施工时，抹子要一纵一横涂抹，需要次日继续施工时，应注意涂饰接缝部位，不应留有明显的痕迹。

（5）"好涂壁"涂料施工后，一般在常温下经 36～42h 即可干燥，低温下 45～58h 也可干燥，高温下 25～36h 即干燥。施工后应注意室内通风，室温低于 5℃时，不宜施工。

（6）"好涂壁"涂料一般每包标准涂饰面积为 $3m^2$。

22. 外墙氟碳漆喷涂施工有何新技巧？

氟碳喷涂技术已广泛应用于建筑物等自然本色装饰，而且历时数十年，即使在恶劣外部环境条件下，风采依旧。其主要特性有三点：

一是具有超长耐久性。氟碳基料中含有所有化合物中键能最大的氟碳键，具有惊人的化学惰性，无论是紫外线、恶劣气候、复杂环境等多种情况，对于氟碳涂料影响都非常小。

二是具有免维护自洁功能。氟碳涂层表面能极低，摩擦系数极小，灰尘极难附着，即使附着，也仅仅是基层表面，而不会形成化学或物理的结合作用，极易清洗，具有公认的自洁功能。

三是具有铝板效果。铝塑幕墙是目前外墙装饰中最为高档的一种，其中表层为氟碳涂料涂层，氟碳涂料可以直接上墙，不用龙骨、节省费用，不但效果、性能完全可与之媲美，并且具有不可比拟的优越性。还有重防腐功能和优良的机械性能等。

其主要工艺流程和施工操作要点是：

（1）基层处理：将混凝土或水泥混合砂浆抹灰表面上的灰尘、污垢和砂浆流痕等清除干净。同时将基层缺棱、掉角处，用 1:3 水泥砂浆修补好，表面麻面及缝隙应用聚醋酸乙烯乳液:专用腻子:水 = 1:5:1 调和成腻子填补齐，并用同样配合比的腻子进行局部刮腻子，待腻子干后，用砂纸磨平。

（2）粘贴专用网格布：待第一遍腻子刮完后，满粘贴网格布，网格布粘贴时应注意每相邻两个块之间应搭接 150mm，待干后再进行刮涂第二遍腻子，待二遍腻子干透以后，用 240 号以上水砂纸进行打磨。

（3）分格缝：首先根据设计要求进行吊垂直、套方、找规矩、弹分格缝。此项工作必须严格按标高控制好，要保证建筑物四周交圈；外墙涂料工程分段施工时，应以分格缝、墙的阴角处或水落管等为分界线或留置施工缝，垂直分格缝则必须进行吊直，缝要平直、光滑、粗细一致。

（4）刷涂：刷涂方向、距离应一致，接茬应在分格缝处，如所用涂料干燥较快时，应缩短刷距。涂刷一般不少于两遍，应在前一道涂料表面干透后再刷下一道。两道涂料的间隔时间一般为 2~4d。

（5）喷涂：喷涂施工应根据所有涂料的品种、黏度、稠度、最大粒径等，确定喷涂机具的种类、喷嘴口径、喷涂压力以及与基层之间的距离等。一般要求喷枪运行时，喷嘴中心线必须与墙面垂直，喷枪与墙面有规则的平行移动，运行速度应保持一致。涂层接茬应留在分格缝处。门窗及不涂涂料的部位，应认真遮挡。喷涂操作一般应连续进行，一次成活。

（6）滚涂：滚涂操作应根据涂料的品种、要求的花饰确定辊子的种类。操作时在辊子上蘸少量的涂料后，在涂刷墙面上下垂直来回滚动，避免扭曲蛇形。

（7）弹涂：先在基层刷涂 1~2 道底色涂层，待其干燥后进行弹涂。弹涂时，弹涂器的机口应垂直、对正墙面，距离保持30~50cm，按一定速度自上而下、由左向右弹涂，在选用压花形图案弹涂时，应适时将彩点压平。

（8）修整：涂料修整工作很重要，其修整的主要形式有两种，一种是随施工随修整，它贯穿于班前班后和每一分格或每一步架体中；另一种是在整个分部、分项工程完成后，应进行全面检查，如发现"漏涂"、"透底"、"流坠"等，要进行认真修整完好。

23. 如何用高压无气喷涂法喷涂高黏度的油漆涂料？

高压无气喷涂的新型施工技术已经成为装修的热门技术，它能克服传统的施涂施工技术（如刷涂、滚涂、有气喷涂）的诸多缺陷，但由于其工艺要求高，只有少数知名品牌涂料企业掌握此项技术。

高压无气喷涂施工技术的工作原理，就是利用高压柱塞泵不断往密封的涂料管道内输送涂料，从而在密封空间内达到21MPa左右的高压，然后释放连接于涂料管末端的喷枪扳机，使高压涂料流被强制高速（约100m/min）地通过极为细小的喷嘴，涂料离开喷嘴一接触空气，便立即剧烈膨胀，雾化成极细的扇形漆流喷向被涂物表面。简单地说，高压无气喷涂相当于把涂料用力"扔"到墙上。此技术不仅适用于喷涂普通油漆涂料，还适用于喷涂高黏度的油漆涂料。

高压无气喷涂机的主要操作要点是：

（1）机器启动前要使调压阀、卸压阀处于开启状态。首次使用的高压无气喷涂机，在使用完毕待冷却后，按对角线方向，将涂料泵的每个内六角螺栓拧紧，以防连接松动。

（2）喷涂燃点在21℃以下的易燃涂料时，必须接好地线，地线一头接电动机零线位置，另一头接铁涂料桶或被喷的金属物体。泵机不得和被喷涂物体放在同一房间里，周围严禁明火。

（3）喷涂时如遇喷枪堵塞，应将喷枪关闭，把喷嘴手柄旋转180°，再开喷枪用压力涂料排除堵塞物。若上述方法无效，可停机卸压后拆下喷嘴，用竹丝疏通，然后用硬毛刷彻底清洗干净喷嘴。

（4）严禁用手指试高压射流。喷涂间歇时，要随手关闭喷枪安全装置，防止其无意打开伤人。

（5）高压软管的弯曲半径不得小于25cm，更不得在尖锐的物体上用脚踩高压软管。

（6）作业中停歇时间较长时，要停机卸压，将喷枪的喷嘴部位放入溶剂里。当天作业后，必须彻底清洗喷枪。清洗过程中，严禁将溶剂喷回小口径的溶剂桶内，以防止静电火花引起火灾。

24. 如何用弹浮技术使外墙彩色更亮丽？

彩色弹涂技术是一种新的外墙面装饰工艺，其立面直观效果很像干粘石、水刷石。这种施工技术采用彩色弹涂机，将水泥色浆或涂料色浆均匀地溅在外墙面上，形成直径 1~3mm 左右的圆形色点。由于它的色浆一般由 2~3 种颜色组成，在墙面上互相交错、间杂分布，装饰效果很好。

为了使装饰面耐久、耐污染并不易褪色，采用了耐水耐候性较好的甲基硅树脂或聚乙烯醇缩丁醛树脂罩面作为保护层。其应用范围不仅包括新建的外墙装饰面，还包括旧墙面翻新、商店门面、室内墙面及顶棚装饰等。具体操作方法是：

（1）基层处理。砖墙面洒水润湿后，抹 1:3 或 1:4 水泥砂浆打底，厚度为 15mm，用工具搓平。表面平整度达到验收规范要求即可。混凝土墙面须对孔洞、裂缝和凹凸不平处嵌补腻子，打磨砂纸，进行修整。在刷色浆前，须将基层清扫干净。若在原水泥砂浆面上做弹涂饰面时，需将原基层清扫干净，必要时进行刷新。

（2）刷色浆 1~2 遍。若刷 2 遍色浆，第 2 遍应在第 1 遍已干透并用砂纸打磨整修后再行涂刷。

（3）配色浆。配色浆时，先把 801 胶水用水稀释，搅拌均匀；将白水泥和颜料拌和均匀，再加入 801 胶水溶液，搅拌成底色浆；底色浆可先刷在样板上，不断调整颜色直至符合设计要求。调色浆应严格按配合比过秤配料；调制色浆时，要根据季节、基层干燥程度，适当调整配比，以弹点不拉丝（过稠）、不流坠（过稀）为宜。在 5~10℃ 的低温条件下，可适当加进尿素，加尿素时，应先将尿素用水溶解后，再加入 801 胶水并及时用完。白色弹点浆的调制办法与色浆基本相同（所不同处在于加不加入颜料），如在原色浆的色粉中加入50%以上的2～4mm粒径的白色石屑，由石屑色浆形成的不规则的多面体面层，在日照下可以显示出不同的彩色饰面，装饰效果很好。

（4）弹点。按配合比调好弹点色浆后，将弹点色浆转装入弹涂机内，按色彩分别操作，进行流水作业。第一道色点一般为60%～80%，分3次弹匀；第二道色点为20%～40%，分2次弹匀。色点要接近圆形，直径为1～3mm。弹涂机内色浆不宜放得过多，色浆过多则弹点太大，易出现流坠和拉丝现象，如果出现流坠或拉丝现象，应立即停止操作，调整胶浆的水灰比。出现流坠现象时，采用加少量水泥并按配合比加入801胶液以增加色浆的稠度；出现拉丝现象时，则是胶液过多，应加水稀释，同时加入一定数量的水泥，确保弹点强度。对已经出现的问题，应及时进行调整修补，并用二道弹点遮盖分解。气温高时，水分蒸发很快，所以应随天气变化而变动色浆的水灰比，使弹点呈点状布置。

（5）罩面。待色点干燥后，用1份聚乙烯醇缩丁醛和17份酒精调配成的溶液，以小型空气压缩机带动手提式喷枪在弹涂饰面喷涂均匀，对饰面层迅速遮盖，形成罩面层。罩面层不宜过厚，更不能漏盖，应特别注意檐口、女儿墙等部位，使其严格封闭。采用手工刷涂方式施工罩面层覆盖效果较好。若雨水潮气从漏罩处渗入，弹涂层会返白变花，因此罩面是确保弹涂质量的关键工序。罩面施工，原则上应等弹点全部干透后再进行，如急于罩面，将湿气封闭在内，也容易造成弹涂层返白。

25. 如何采用喷涂工艺使外墙色彩砂质感更丰富？

为使外墙色彩砂质感更丰富，可采用喷涂工艺施工。具体做法如下：

要优先选用绿色环保涂料，如乙丙彩砂涂料、苯丙彩砂涂料等。彩色石英砂宜用复色。复色是将各系列颜色按一定的比例组合，形成一种基色，再附以其他颜色的斑点。

一般工艺流程为：基层清理→分格缝→喷涂涂料→刷罩面层涂料→涂料修整。

（1）基层清理

对于泛碱、析盐的基层应先用3%的草酸溶液清洗，然后用清水冲刷干净或在基层上满刷一遍耐碱底漆。对于混凝土墙面基层，先清理表面灰尘、油污。对于油污的混凝土板，先用10%火碱水将油污喷刷掉，再用清水冲洗干净，湿润后抹灰；预制混凝土板如果表面有孔洞或大麻面，必须用胶粘剂拌素水泥调成腻子，用鬃刷蘸水刷毛面，常温下养护，待灰层干实后方可进行涂料喷饰。

（2）喷涂

1）喷涂之前要再检查所准备的料具及防护用品是否齐全，并针对漏缺补备齐全。

2）试喷。应选择一块干净的样板试喷，调整喷涂的各项参数直至适合喷涂。

3）正式喷涂过程中要注意的以下5点：

①一是喷涂时不要大把紧握喷枪，肩要下沉、放松，要通过移动手臂来移动喷枪，手腕要灵活。以此协调一致，获得厚薄均匀适当的涂层。

②喷涂时视线要跟着喷枪喷涂面走，既要盯着喷枪在墙面上的位置，又要兼顾观察喷过之处涂膜的形成情况和喷雾的落点，并及时进行补救和修整。

③喷枪移动应保持与被喷面保持平行，故移动范围不宜过大。

④喷涂时注意观察料斗中的漆料，在用完之前及时加料，同时一罐料要连续喷涂、一气呵成。若出现漏喷、气泡、针孔或涂层过厚而形成流挂等现象时，要及时修整，使涂层平整均匀、色调一致。

⑤施工时避免油漆接触皮肤、眼睛，加强自我防护。

（3）清理、养护工具

喷枪使用后应立即用溶剂洗净，注意不要用对金属有腐蚀作用的清洗剂。

26. 解决裂纹漆常见问题有何操作窍门？

近年来，裂纹漆悄然地在装饰行业中兴起，由于其能形成好看的裂纹，对物体表面又起到了保护及装饰的作用，还提高了产品的附加值，所以达到广大用户的青睐，逐渐成为一种高档的装饰材料。然而，美中不足的是，由于裂纹漆的特性及施工工艺不同于常用的油漆，而大部分的施工人员只是简单地按照裂纹漆包装上的说明书及凭借以往一般常用油漆的施工工艺和施工经验进行裂纹漆的施工操作，结果往往会造成裂纹漆的裂纹太细，甚至裂纹面不开裂、裂纹大小不均匀、裂纹开裂后漆面脱落等问题，达不到裂纹漆应有的立体艺术美感，甚至破坏了整体的装饰效果。现将解决这些问题的操作窍门介绍如下：

（1）裂纹漆的裂纹太细甚至裂纹面部不开裂

由于裂纹图案是靠漆膜匀裂而呈现，因此，不能一次性喷得太厚，否则，裂纹会很细甚至裂纹面不开裂，应小心控制出油量及枪数，以选择最佳图案，同时，由于裂纹漆对温度、湿度较为敏感，气温太低，裂纹细小甚至不开裂；气温太高，花纹较大，因此，环境湿度过大、温度过高过低时均不宜施工，一般以气温25℃、相对湿度75%为佳，以免产生不良效果。还有一种情况是由于对裂纹漆的基本特性了解和掌握不够，在基层底漆施工时使用非硝基类特性的油漆（包括铝粉、珠光粉、金粉等有色底漆），造成裂纹漆无法与底漆有效融合，未能展现出裂纹特性。

解决的方法是：对已施工好的非硝基类特性的油漆底漆（包括铝粉、珠光粉、金粉等有色底漆）在喷涂裂纹漆之前，先喷涂硝基清漆1~2道，等10~20min左右（视环境温度情况决定），待硝基清漆处于半干的状态时，立即喷涂裂纹漆一道，即可产生裂纹的效果。

（2）裂纹大小不均匀

裂纹大小不均匀受到较多因素的影响，尤其是施工人员对喷涂技巧掌握的熟练程度至关重要，解决的办法只能是加强对施工人员的培训和锻炼，没有其他捷径可走，同时也要掌握裂纹大小的原理：若需要大裂纹的效果，底漆膜厚度应厚一些，而裂纹漆也要多喷 2 ~ 3 次，且气量不需太大；若需要小裂纹效果，其底漆无需太厚，而裂纹漆应喷薄一些，气量可稍大一些。但始终应保持喷涂的均匀性，才能获得均匀的裂纹效果。尤其是喷涂时只能喷涂一道，应当一枪成功，不得回枪或补枪。如果厚薄不均匀，回枪、补枪都会造成裂纹大小不均匀。在喷涂过程中裂纹尚未终止前，可在裂纹上再喷，以控制裂纹大小，但这需要操作人员具有非常熟练的技术手法。

（3）裂纹开裂或漆面脱落

由于裂纹漆的粉性大、收缩性大、柔韧性小、附着力差，因此，漆面干燥收缩后较容易脱落。

为了使裂纹漆坚固耐久，更加光亮美观，可在裂纹漆干透以后，再打磨平滑，在表面清除干净后，再罩半亚光、亚光硝基清漆或聚酯漆、双组分 PU 光油等。罩光时，罩面漆涂装应掌握好薄喷多次（至少分两次涂装）。施工中，有的施工人员由于对裂纹漆的基本特性缺乏了解，用普通刮批腻子打底再涂刷非硝基类特性的油漆（包括铝粉、珠光粉、金粉等有色底漆）方法，造成基底较软，裂纹漆喷涂后内部应力产生较高的拉扯强度，在收缩过程中，软基底将会全部连底翻起，造成大面积的起皮、剥落。

解决的办法是：不需返工重新打底，对于用普通刮批腻子等打底后再施工非硝基类特性的油漆（包括铝粉、珠光粉、金粉等有色底漆）的，可采用聚酯底漆或聚氨酯底漆等封闭性较强、漆膜强韧、层厚面硬的油漆，先将原基层封闭强化后，再重新喷涂调配好的铝粉、珠光粉、金粉等漆 1 ~ 2 道，待干后除尘干净，即可喷涂裂纹漆1道，便会产生较好的裂纹效果，最后罩上面漆。

27. 喷枪常见故障及其简易排除法有哪些？

喷枪在使用过程中，难免出现故障。如何排除？其方法是：

故障之一：喷射过剧，产生强烈的漆雾；原因是空气压力过大，供漆量不足；排除方法：降低空气压力，旋松扳机限位螺栓增加供漆量。

故障之二：喷射不足，喷枪工作中断；原因是压缩空气压力过低、漏气；排除方法：提高压缩空气压力，查找修理漏气处。

故障之三：喷射漆雾流不均匀或自偏孔流出；原因是通空气的环状孔阻塞，喷雾部分的螺钉不紧；排除方法：清理喷嘴，洗净气道，拧紧喷雾部分的螺钉；若是因喷头的中心不正，排除的方法是检查并矫正喷头的中心。

故障之四：喷漆时时断时续；原因一是出漆孔堵塞；排除方法：清洗喷嘴，使出漆孔通畅；原因二是喷枪罐内漆用完；排除方法：填足漆。

故障之五：开始喷涂时出现飞沫；原因是顶尖未经调整，没有越过开放的空气道；排除方法：调整顶尖末端的螺母，使扣扳机时先打开气路。

故障之六：调不出扁形喷迹；原因是调整钮上出气孔堵塞；排除方法：清洗干净调整钮。

故障之七：在不喷漆时从喷嘴流出漆液；原因是喷嘴堵塞，顶尖封闭不严；排除方法：取下喷头清洗干净。

故障之八：喷头漏漆；原因一是喷头没旋紧；排除方法：取下顶尖并调整顶尖上的螺母，使其靠近顶尖末端，拧紧喷嘴；原因二是喷嘴端部磨损或有裂纹；排除方法是更换掉有裂纹的喷嘴。

故障之九：扳机处漏漆；原因是前垫座磨损；排除方法：

更换零件。

故障之十：喷枪手柄处漏气；原因是后垫座磨损或太松；排除方法：拧紧垫座盖或更换密封件。

28. 室内涂料粉刷如何巧修补？

在室内涂料粉刷施工中，特别是在家庭旧墙粉刷涂料时，常常发生所刷涂料与基层麻刀白灰粘结不牢，粉刷涂料干后，有部分干裂、起泡或涂料膜表面发霉起毛，近似一层白霜，严重的涂膜脱落。

面对这个问题，在修补时如果采用原来的涂刷方法修补，待涂料干后，还会旧病复发，问题不会解决。原因是这种基层含碱成分较高，环境潮湿，该涂料不耐碱性。

为解决这个问题，可采取的一种办法是：将麻刀抹灰基层除掉，重新抹水泥砂浆做基层，再涂刷涂料。这种方法虽然可以解决问题，但是费工、费料，拖延工期，等于返工重做，成本过大，不宜采用。

最经济、最有效的方法是：原墙麻刀抹灰基层不改变，只将有毛病的涂料面清除干净，用细砂纸将基层打毛，在清除浮尘后，刷一道素水泥浆，以白水泥浆为好，因普通水泥浆刷涂料薄了透底，厚了涂料干后容易脱落，待素浆干后再刷涂料即可。

（王春）

29. 浅色墙漆怎样才能覆盖住深色墙漆？

使用深色漆来覆盖浅色墙漆容易，其实使用浅色墙漆来覆盖住深色墙漆也不难。

具体方法：可以先用 240 号水砂纸将墙面打磨一遍，然后刷涂一遍白色墙漆，再刷浅色漆。浅色漆比较好调制，把要刷的漆一半调深色，另一半白色就可以了。最好买遮盖力比较强的（即钛白粉含量高的）乳胶漆。

30. 怎样处理受潮发霉的墙面？

室内装修好的墙面，尤其是涉水房间的墙根部面层，常有受潮发霉、涂层鼓泡脱皮，色泽退化、泛黄的现象。

若遇有上述情况，可先在墙面上涂上防渗液，使墙面形成无色透明的防水胶膜层，即可制止外来水分的侵入，保持墙面的干燥，随后就可以装饰墙面了。

如果墙面已受潮。首先要选用防水性能较好的多彩内墙涂料；第二步是先让受潮的墙面有 1～2 个月的干燥过程，再在墙体上刷一层拌水泥的避水浆使其起到防潮的作用；第三步是用石膏腻子填平墙面凹坑、麻面，再刮腻子，干燥后用砂纸将墙面磨平，重复两次，并清扫干净；第四步即可在干燥清洁的墙面上将底层涂料用涂料辊筒涂两遍，也可喷涂。

若按以上办法处理问题墙面，以后便可高枕无忧。

31. 不同墙面如何巧处理？

不同的墙面通过不同的处理方法会带来意想不到的效果，不妨一试，让平淡的居室变得明亮宜人。

（1）壁纸与涂料相结合的墙面

效果用途：壁纸与乳胶漆这两种材料有机地结合，既解决了拐角处容易开裂的问题，也在空间视觉上产生了一定的冲击力，是两种材料混用的一个好例子。

施工注意：先刷好涂料，然后再在上面压壁纸，最好不要使用廉价的工具和胶，否则容易出现疙瘩和浮泡。

（2）人造板饰面的空心墙

效果用途：在玄关处或需要分割的大空间里，如果要让墙面能悬挂物品，不能使用石膏板做衬底，而要用人造板，用人造板也能做出装饰墙面。

施工注意：在人造板上刮腻子，如果腻子薄了没有墙体的效果，腻子厚了容易剥落，所以在基层处理上要恰到好处，在刮腻子前最好打一遍防裂绷带。

（3）木框架围合纸面石膏板墙

效果用途：用木框架有效地解决了石膏板接缝容易开裂的问题，木框架本身也起到了装饰墙面的效果，即便在装修前没有考虑充分，也能利用它进行后期的弥补，将现有的墙面进行分割。

施工注意：在用木框架围合石膏板前，最好先做好底层处理，然后再钉木框架，木边正好压接缝，所以不必担心开裂的问题。

（4）黑板画效果的水泥墙板

效果用途：用在儿童房、个性化餐厅、阳台等空间的局部墙面，体现轻松活跃气氛，而且可以随时创意，变化图案。

施工注意：在水泥板上刷涂料必须做好基层处理，在刮腻子前最好用防裂的布做一层衬底，并且在腻子里掺入专用抗裂的胶或直接用"刮墙宝"等质量有保证的腻子施工。

一般来说，墙面涂料的处理比较简单，但也不能忽视一些小问题，否则也会带来不必要的麻烦。

（5）油漆与乳胶漆的同期施工

施工注意：如果用大面积的油性漆先施工，再做乳胶漆时容易产生化学反应，使乳胶漆变黄，所以需 2d 的时间间隔。在喷涂乳胶漆时，木制品最好以封好面漆，另外要做好避免木制品被污染的保护。

常见问题：如果防护没有做好，喷完涂料揭开绷带后，木制品容易留下痕迹，所以建议使用专用的美纹纸。

（6）有保温墙卧室的涂料施工

施工注意：由于保温墙是空心的，比较容易开裂，所以在做涂料前先衬一层可抗裂的牛皮纸，效果将非常显著。

常见问题：为防止开裂在做底衬时涂刷太多的胶，这样不利于身体健康。

（7）老墙面的涂刷

施工注意：注意按照漆桶上的说明配比及涂刷方法进行施工，最好估算好用量，一次备好足够的量更重要，这样才能保证颜色相同。涂料厂虽然提供了色卡，但小面积的色卡与真正粉刷起来的房间效果可能会有差距。

常见问题：工人施工准备工作不充分，表面研磨不当、过度粉刷或涂料太稀、刷子每次蘸料太多等原因，都容易产生涂刷质量问题。

32. 外涂墙面分格缝留置有何讲究？

在外墙涂料施工中，施工缝总是不可避免的。但是，施工缝如果留置和处理不当，又会留下裂缝隐患。对此，可将施工缝与留置分格缝统一起来。具体做法是：

要在外墙面施工二次设计时，在抹灰施工过程中，有意识地把分格缝留在施工缝处；分格缝处宜采用茶色铝合金条，宽度应根据建筑物的高度而定，一般在 8 ~ 10mm 之间；横向分格缝一般与外墙窗口的上脸和下窗台齐平；竖向分格缝与外墙窗口的两边对齐；勒角与墙面应为平面，勒角的竖向分格不应超过 6m，勒角的竖向分格缝应与墙面竖向分格缝对齐，在两竖向分割缝之间进行均分，两分格缝之间所分的块大小不宜偏差太大，不应有明显的差距。这样将分格缝与施工缝结合起来"一举两得"。既使外墙面更加美观，又避免留下过长裂缝的隐患。

第十章　裱糊工程

1. 怎样鉴别壁纸的优劣?

用一个简单办法即可识别壁纸的优劣,即:

看:看一看壁纸的表面是否存在色差、皱褶和气泡,壁纸的图案是否清晰、色彩均匀。

摸:看过之后,可以用手摸一摸壁纸,感觉它的质感是否好,纸的薄厚是否一致。

擦:可以裁一块壁纸小样,用湿布擦拭小样表面,看看是否有脱色的现象。

闻:这一点很重要,如果壁纸有异味,很可能是甲醛、聚乙烯等挥发性有害物质含量超标。

2. 铝塑板裱糊如何操作?

将厚度为 0.1mm 的彩色薄铝板单面或双面裱在硬塑料板上(厚度在 2mm 左右),常简称为单铝板或双铝板。这种板材具有色彩丰富、不褪色、耐磨、易清洁等优点,在外墙施工中尤其具有独特的装饰效果。铝塑板裱糊施工具体操作方法如下。

(1)清理基层。铝塑板裱糊施工,小面积施工多以木龙骨衬平整的木夹板为基层;大面积外墙多以 FC 水泥压力板为基层。清理基层时,应先将基层表面的砂浆、灰尘、油污除净,然后将外露的不锈钢枪钉钉头打进夹板内,最后稍微砂磨,磨掉平面和阴阳角等处的飞刺、突起物等。

(2)弹线。在大面积平整墙面上裱糊施工时,必须按设计、施工要求进行弹线,方法同裱糊墙纸弹线法。

(3)裁板。在大面积平整墙面上裱糊施工时,由于铝塑板材质、施工条件的限制,不能将整张板(正常尺寸一般为

1220mm×600mm）厚进行裱糊。对于小面积造型面的裱糊施工，则根据裱糊基层尺寸，裁割至合适尺寸。裁割方法为：先在铝塑板正面，按基层尺寸用木工铅笔画出四边裁割基线（线画的越细越好），接着用小牙锯在裁割基线外 3～5mm 处锯割几次，即可完成裁割。裁割时一定要细心。

（4）修边。用小木刨或月牙修边刨子，沿裁割细基线耐心、仔细地刨修，刨至离边线 1mm 左右，停止刨修，并将该板靠在基层上，比较板面尺寸与基层弹线的误差，做到后序刨修心中有数，取下板继续刨修，边刨修边与基层比对，直至与基层弹线吻合。将修边完毕的铝塑板编号平缓轻放。

（5）涂胶。涂胶需要 2 人配合，铝塑板反面和被粘贴的基层表面均需涂胶，1 人涂刷铝塑板，1 人涂刷基层表面。先打开万能胶盖，将适量的胶液倒入干净的容器中，并拧紧胶盖，以防桶内胶液干缩。1 人将适量万能胶倒在裁剪后的铝塑板反面上，先用漆刷摊开胶液，接着用塑料刮板涂 1～2 遍，至胶面均匀平整，刮抹方法同批刮腻子，刮抹多余的胶液要随时刮放到容器中，遇有胶疙瘩，必须立即清除掉；另一人用漆刷蘸万能胶液在被粘贴的基层面上，自上而下地刷胶 1 遍（方法同裱糊墙纸），再将胶液用刮板刮抹平整（方法同批刮腻子）。

（6）晾胶。涂胶后在干净室内环境晾 10min 左右（视室内气温高低而定），并注意不能暴晒。晾胶时要防止浮灰落上，影响粘结牢度。当用手指肚任意轻触基层和板面的胶面上几处，胶水不会粘在手指上并不会将胶液带起，呈半干状态时，便可将铝塑板贴于基层上。

（7）粘贴。粘贴时要 2 人配合，每个人用拇指和食指捏住铝塑板的两角，将其抬起放至离要裱贴的基层 100mm 处，垂直对正花纹后，轻缓靠近基层胶面。当距裱贴的基层面 10mm 处，再次对正花纹图案后，2 人小心匀速贴近胶面，使其平整地粘贴上。接着用干净的塑料刮板从中间向四周刮压赶出气泡，使其密实平整后，再用小铁锤在铝塑板表面，沿着基层框边密密地

174

轻敲一圈后，再轻敲中间任意部位。用小铁锤轻敲的目的是使铝塑板粘结更牢固，特别是边缘部位，只有这样密密地轻敲，才能保证不会翘边。贴完一块铝塑板紧接着贴另一块，直至完成一面墙的裱糊施工。

（8）嵌缝。一面墙裱糊施工结束后，将美纹纸沿着留缝贴在铝塑板上，用胶枪将有色玻璃胶（色彩按设计要求）注入板缝内，然后揭掉美纹，并将污染在铝塑板表面的玻璃胶擦去。

（9）清理。待玻璃胶干燥后，揭掉铝塑板表面的塑料薄膜，最后用柔软干布擦拭整个裱糊面。粘在板面上的胶痕，可用干净软布蘸松香水先浸湿胶痕，1~2min 后再用力擦拭，即可除去，除去胶痕后用柔软干布擦拭整个裱糊面。

3. 抹灰基层锦缎裱糊施工操作有何技巧？

抹灰基层锦缎裱糊工程较之墙纸糊裱档次高，适用于高级建筑物的室内装修。锦缎裱糊施工方法同纸墙裱糊施工基本相同，但是，由于锦缎裱糊施工技术和质量要求高，在施工操作时要特别强调做到如下几点：

（1）为延长锦缎的使用时间，必须待墙面彻底干燥后进行裱糊。墙上的抹灰砂浆不宜掺加外加剂，以免外加剂吸湿或出现盐析现象。

（2）由于锦缎柔软而易变形，裱糊锦缎时一般先在锦缎背面衬糊宣纸，使其挺括，以便于施工。裱糊用的粘结剂是801胶水、墙纸粉或白胶。

（3）锦缎裱糊要注意防霉。如墙面未彻底干透就裱糊锦缎，或裱糊时虽干透，因使用过程中不注意室内通风，室内空气湿度太大，使锦缎转潮，湿气透过锦缎和宣纸使基层受潮。在温暖季节，就具备了霉菌生长繁殖的条件，易使锦缎发霉，出现非常难看的霉点。因此锦缎裱糊除施工质量要求较高外，还必须在使用中保持室内干燥。胶粘剂忌用含蛋白质的材料。

4. 金属墙纸裱糊施工操作有何技巧？

金属墙纸系以特种纸为基层，将很薄的金属箔压合于基层表面加工而成的墙纸。金属墙纸有多种色彩与图案，装饰出的墙面显得雍容华贵、金碧辉煌；金属墙纸裱糊宜以阻燃型胶合板为基层。其裱糊操作技术要点是：

（1）基层处理。阻燃型胶合板除具体工程有设计规定外，应用厚8mm以上（含8mm）、两面打磨光滑的特等或一等胶合板，并用细砂纸满打磨1遍，直至全面光滑。

（2）刮抹两道腻子。第一道腻子用配合比为：石膏粉∶熟桐油∶水=20∶7∶50（质量比）的油性石膏腻子。第二道腻子配合比为：石膏粉∶猪血料=10∶3的猪血石膏粉腻子。

（3）第三道纵向满刮猪血料石膏粉腻子。第四道横向满刮猪血料石膏粉腻子、第五道纵向满刮猪血料石膏粉腻子。每刮抹一遍腻子之前，都要在上道腻子干透后，分别用耐水砂纸打磨平整并清扫干净，不得有漏擦之处。

（4）封闭底层。待腻子完全干透后，薄涂酚醛清漆∶汽油（或松节油）=1∶3（质量比）的防潮底漆1道。防潮底漆须要涂得均匀、平整、光滑。

（5）弹线。防潮底漆干燥后即可弹线，一般按设计要求及墙纸（布）的标准宽度找规矩，分格弹出水平及垂直线，线色应与基层相同。

（6）预拼、试贴。选择符合工程具体设计要求的墙纸品种、图案等进行预拼、试贴。

（7）墙纸裁剪。根据弹线找规矩的实际尺寸，用与普通墙纸裁剪相同的方法，按裱糊顺序进行裁剪并分幅编号。

（8）润纸。将金属墙纸浸入水中1~2min后取出，将水抖净，在阴凉处放置5~8min后即可在其背面刷胶。

（9）刷胶。润纸后即刻刷胶，金属墙纸背面及基层表面要同时刷胶。胶粘剂要用金属墙纸专用胶粉配制。

（10）上墙裱糊工艺。裱糊墙纸时要关闭房间窗户，待墙纸快干时，再打开窗户通风。涂胶后，将墙纸按编号顺序上墙裱糊。裱糊时应先裱糊垂直面后裱糊水平面，先裱糊细部后裱大面。选择搭接法裱糊要注意搭缝处的切割；选择拼接法裱糊要注意拼接缝严密、花纹吻合。主要墙面用整幅墙纸，不足幅宽的墙纸，应裱糊在不明显的部位或阴角等处。

（11）修整表面。墙纸裱糊后，应严格检查裱糊质量。如发现有空鼓、气泡之处，应仔细修整，并将纸面胶迹、污点及挤出的胶液等污染物清理干净。

（12）养护。墙纸裱糊后应加强养护。凡裱贴墙纸之处，应封闭通行或墙纸用透气纸张覆盖；潮湿季节（除阴雨天外），应白日打开门窗，加强通风，夜晚关闭门窗，以防潮气入侵等。

第十一章　细部工程

1. 电热法截锯泡沫塑料板有何新方法？

在装修施工中，用于隔热吸声的泡沫塑料板经常需要裁成各种规格尺寸的小块板。现介绍一种用电热丝裁锯泡沫塑料板的新方法，具体操作方法如下。

裁锯工具：准备低压电源变压器一个，初级线圈工作电压为220V，次级线圈输出电压低于36V，并有多组电压抽头可供选择，变压器功率50W。另截取500W电炉丝500mm，将其拉直，固定在木锯弓子上，将电热丝两个端头用绝缘电线连接在变压器次级线圈上。通电后，电热丝应呈暗红色，如太阳光色，表明温度过高，可调低变压器次级电压；反之，则需缩短电热丝长度，或换用一个千瓦电炉丝。电热丝调整好之后，就可用于裁锯泡沫塑料板了。

在裁锯前，要先在待加工的泡沫塑料板上，按要求的尺寸划好裁锯墨线，然后就可手持木弓。在通电数秒钟后，待电热丝发热正常后，即可像锯木头那样上下推拉裁锯泡沫塑料板了。在操作过程中，要注意不可用手接触电热丝，以免烫伤。

该法与其他裁割方法比较，省工、省料、工效高；裁割出的泡沫塑料板边角整齐、尺寸准确，没有损伤。

2. 采用亚光硝基漆涂饰如何仿真红木家具？

亚光硝基仿红木家具古朴、典雅、别具风格，而且施工方便，成本较低，对抛光的要求不高。具体的涂饰方法是：

（1）白坯处理。白坯家具先用1号木砂纸顺木纹打磨，打磨后用刷子清扫、除去脏物与灰尘木屑。

（2）上第1道水色（有染料颜色的水溶液）。用15%酸性红木溶液（用 85mL 开水将 15g 酸性红溶液溶解）涂装于白坯家具表面。

（3）上水性染色腻子。用水、大白粉加 1.5% 氧化铁黑（质量分数），混配均匀，涂在家具表面，涂后揩擦均匀。

（4）上虫胶漆。用 20%（质量浓度）的虫胶漆均匀刷 1 遍。

（5）上第 2 道水色。以 2∶8 的酸性黑和酸性红配制成 16% 的水溶液（均指质量分数或质量比），再次均匀涂刷 1 遍。

（6）上虫胶漆。用 10% 的虫胶漆再次均匀涂刷 1 遍。

（7）涂装面漆。用羊毛刷涂刷 2 遍硝基清漆。第 1 遍涂后干燥 30～60min；第 2 遍涂后干燥 24h。

（8）砂磨。用 300～400 号耐水砂纸将家具砂磨至光滑、平整，并用除尘布除净脏物与灰尘木屑。

（9）涂装亚光漆。将 2% 的硬脂酸锌溶于 33% 的香蕉水中，并用 65% 的硝基清漆调匀，再外加 1% 的硅油。调匀后，采用喷涂法均匀地喷涂在经上漆后砂磨的家具上，干燥 24～36h 后即可完成亚光硝基漆仿红木家具的操作。

3. 红木旧家具如何翻新涂饰出新效果？

红木家具是用红木科的硬质木材制成的家具，年代久了需要修旧翻新。红木家具的翻新涂饰技术如下：

（1）表面处理。首先要用碱水将红木家具洗刷数次，将油腻污垢洗去，再用温水洗净，之后用细耐水砂纸进行打磨，最后用清水洗净揩干。

（2）嵌缝。缝隙处要用有色腻子（可用铁红、铁黄、铁黑或哈巴粉等粉料与腻子调色，调色时，要根据面板的颜色选用不同的粉料进行调配）填嵌平整，干燥后用细砂纸打磨平整，然后用除尘布除去灰尘。

（3）上色。用碱性品红水溶液，略带一些墨汁和猪血调配成水色，涂刷 1 次，褪色严重的地方要再刷 1 遍。

（4）涂漆。用丝棉团蘸上生漆薄薄地来回擦涂 2～3 次，不宜擦到的拐角处则可用手指揩擦。如果不用大漆，则可在虫胶漆液中加些醇溶性颜料配成红木色的酒色涂刷 1～2 次，干燥后用旧的细砂纸打磨平整，然后选用酚醛、醇酸、硝基、聚氨酯的清漆进行罩面。

4. 如何采用裂纹漆饰涂出人造革状花纹？

许多人喜欢人造革状花纹，而人造革做面层，由于其材质不及木质，其结合层又不易处理好，只好忍痛一同舍去不用。若采用裂纹漆饰涂木质家具面层即可趋利避害，涂饰出人造革状花纹来。具体饰涂方法如下：

（1）选底漆。先选好底漆的色泽，底漆可采用硝基喷漆。

（2）基层处理。裂纹漆的基层处理可不必像普通基层那样精细，但被喷涂物面应保持平滑，如有缺陷应用腻子批平。底漆的颜色应与裂纹漆有对比，不能采用同一颜色。

（3）喷底漆。按常规施工工艺均匀地喷涂底漆 1 道。底漆喷涂后，用耐水砂纸轻轻地把漆膜表面砂磨平滑，并用除尘布揩抹干净，干燥后便可喷涂裂纹漆。

（4）喷裂纹漆。喷涂之前，要把裂纹漆用稀释剂稀释到可喷涂的黏度，再用扁嘴喷枪进行均匀喷涂，要一气呵成，不可回喷或补喷。裂纹漆喷得厚，裂纹就大；喷得薄，裂纹就小；如果太薄就会显现不出裂纹。裂纹漆喷上后大约间隔 50min，裂纹就会显示出来。

（5）裂纹漆干后，用耐水砂纸蘸水砂磨平滑，并用除尘布揩抹干净，然后在裂纹漆上喷 1～2 道硝基清漆，使裂纹牢固。若要使裂纹呈金色或银色，待干后罩上硝基清漆即可。如在已制好的裂纹漆上罩上一层棕色或咖啡色的硝基磁漆，则可得到人造革状花纹。

5. 如何采用皱纹漆涂饰出厚重感?

许多人喜欢古典、庄重的风格，这种风格给人以成熟、厚重的感觉，那么，怎样通过居室家具的色彩达到这种效果呢?

采用皱纹漆即可涂饰出这种厚重感。具体方法如下:

(1) 涂装皱纹漆前，应先将物件进行常规的表面处理。然后涂上一层铁红醇酸底漆，并让其自然干燥；也可放入烘箱内，在60℃下烘烤1h或80℃下烘烤30min。

(2) 铁红醇酸底漆烘烤干燥后，用300~400号耐水砂纸打磨至光滑、平整，并用除尘布除净灰尘。涂装皱纹漆的基层一般是不刮腻子的，如局部需要补腻子时，最好补两次，每次必须烘烤干燥，然后打磨，再在腻子处补上2层虫胶清漆或醇酸底漆。否则，皱纹漆会向腻子层渗透，出现皱纹不均匀的情况。

(3) 虫胶清漆或醇酸底漆烘烤干燥后，可均匀地喷上一层黏度适当的皱纹漆，应横喷1道，竖喷1道，用量控制在100min后再将物件放入烘箱。

(4) 将物件在80℃烘箱内烘烤30min后取出，待冷却后检查皱纹。如发现皱纹局部有缺陷，可选用适当的油画笔，蘸取与原漆同黏度的皱纹漆，按喷涂厚度补涂。

(5) 将物件再次放入烘箱，其目的是使内层彻底干燥，以增加漆膜的硬度。此次烘烤温度为深色漆110℃±5℃，浅色漆为90℃±5℃，保温时间为1.5~2h。

(6) 皱纹漆施工注意事项:

1) 不要马上将喷好的物件送进烘箱，因为烘箱内温度较高，未干的漆在高温下黏度就会变小，这样会造成漆膜流挂或花纹不清。

2) 凡厚度大于25mm的金属物件，在喷涂皱纹漆前，应先放入烘箱内预热到80~90℃，然后趁热喷上皱纹漆，以免出现皱纹不均匀的缺陷。

3) 皱纹漆只能喷涂，不宜手涂，因为手涂的刷痕会影响皱纹的美观。

4）超过贮存期限的皱纹漆，可采用金属样板进行小样试验，经检验合格后，方可投入使用。

5）皱纹漆不能与其他涂料、煤油等混用，否则漆膜将不干或不起皱纹。

6. 清漆家具如何翻新涂饰更清新？

清漆家具翻新时，不论是局部还是大面积破损，都必须彻底清除旧涂层，重新按木器家具的涂装要求，涂装新的涂层。清漆家具翻新涂饰可根据其不同情况，采取不同的操作方法。方法分别是：

（1）普通清漆旧涂层需要改成硝基漆或聚氨酯漆涂层。涂刷前，一定要将旧涂层清理干净，才能施涂硝基漆或聚氨酯漆，否则旧涂层碰到强溶剂会引起"咬毛"等质量问题。

（2）旧涂层改成色漆涂层。涂刷前，只需将旧涂层表面油污清除干净后，按照木器家具色漆的涂装方法进行施工即可。

（3）旧涂层无破损，只是光泽减少。涂刷前，不必将该涂层刮掉，只要用耐水砂纸将旧涂层用肥皂打磨一次（不要磨穿旧涂层），再涂一层清漆，便可得到光泽鲜亮的涂层。

7. 色漆旧家具如何翻新涂饰出新色彩？

色漆旧家具陈年失修后，如果其木质仍完好无损，又舍不得丢弃还想再利用，可对其进行一番翻新涂饰，使其呈现光鲜亮丽的新色彩。具体操作方法是：

（1）色漆旧家具涂层表面如有油污，要用60℃以上的弱碱性溶液将油污全部清除，再用热水将碱液清洗干净；如有大面积鼓泡、脱落，就要用铲刀将旧涂层全部除掉，再用1/2号木砂纸打磨残余的旧涂膜，按照色漆家具的涂装要求刮腻子和刷漆；如旧涂层破损不十分严重，应在清洗油污后，除净破损部位的旧涂层，清除时要大于破损边缘1.5cm，并在破损处的边缘部位铲成斜坡状，然后针对旧涂层的破损情况，确定修补方案。如需补刮腻子，则按腻子的涂刮方法进行，干后用砂纸打磨平滑。

（2）色漆旧家具旧涂层表面处理完毕后，先涂1道油漆，如发现不平整之处，再用涂刷的油漆加大白粉调配腻子补于不平整之处，打磨平整后，再在其上面刷1～2道面漆。

（3）色漆旧家具如要再次翻新，必须全面彻底清除旧涂层，然后再涂装新色漆，否则很难使新、旧漆层的颜色相似。

8. 硝基锤纹漆如何涂饰出新纹路？

采用银色锤纹漆喷绘物件，可在物面形成像锤子敲击时留下的锤痕一样的锤花。锤纹漆一般有硝基锤纹漆、过氯乙烯锤纹漆、氨基醇酸锤纹漆等。银色硝基锤纹漆怎样才能涂饰出新纹路？

其技术操作要点是：硝基锤击锤纹漆适宜喷涂不能烘烤的物件。底层按一般硝基漆的施工方法处理，先在底层上用底漆喷一遍，干后用砂纸轻轻打磨；再用除灰布磨净灰尘，然后用喷锤纹漆。锤纹漆的施工黏度为30～40s，喷距约30～50cm，喷枪嘴直径采用0.25～0.3cm。一般喷涂两遍即可，第一遍不宜过厚，以盖底为主，待溶剂干燥后，用耐水砂纸带水轻轻打磨，清洗、干燥后即喷上第二遍油漆。喷涂后5～7min，锤纹新纹路就能显现出来，最后用硝基清漆罩光即可。

9. 如何涂装彩色家具？

彩色家具的涂装，实质上就是不透明漆的涂装工艺。下面以白色涂料为例介绍其操作方法：

（1）干砂磨。用1号木砂纸将家具表面打磨光滑并刷净砂灰。

（2）涂刮腻子。用钢皮刮刀或牛角刮子，对涂装部位进行满刮、刮平，腻子可采用油性腻子或水性填孔腻子，再用1号水砂纸磨光滑。嵌补处须磨平，并将砂灰清理干净。

（3）用羊毛排笔涂刷虫胶漆。虫胶漆的配制方法为：将20份虫胶溶解于80份酒精中，再加入40份立德粉，调和均匀即可。刷涂必须均匀。待干燥后再用0号或1号细木砂纸轻轻砂磨光滑。再刷一道虫胶漆，并砂磨光滑。

（4）用羊毛排笔刷涂白色硝基漆。白色硝基漆的配比为：白色硝基漆2份，香蕉水1份，搅拌均匀。刷涂要均匀，待干燥后再用0号旧木砂纸砂磨光滑，并清理干净灰尘。再次刷涂白色硝基漆。

（5）揩涂白色硝基漆。经砂磨后，采用纱布团蘸白色硝基漆揩涂。待干后，用细砂纸干磨。再一次揩涂白色硝基漆。

（6）湿砂磨。采用400号水砂纸，以肥皂水湿磨。水砂磨要求磨成无光，但要防止磨穿漆膜。

（7）揩涂白色硝基漆。用稀薄的白硝基漆揩涂，方法同上。

（8）湿砂磨。采用800号细水砂纸或400号旧水砂纸，蘸水湿磨。

（9）擦蜡。先用砂蜡蘸煤油湿擦，最后用光蜡擦涂、抛光。

10. 如何涂装镶色家具？

在一件家具的饰面上，涂装两种或两种以上颜色的家具称为镶色家具。镶色家具的涂装主要是根据家具外形及样板色调的要求配色。例如：

（1）家具的门和抽屉用不透明色漆全部涂以白色，线条和雕花部位涂金的镶色。

（2）家具的侧面部位涂成显现木材纹理的柚木色，门板中间部位涂水曲柳木材本色。

（3）门板四周边部涂成樟木本色，线条为金色的镶色。

（4）家具的门板边沿及侧面部位涂成米黄色，门面其余部位为浅色，线条部位涂成象牙色的镶色。

（5）也有的用不同的木材或镶切片进行镶色等。

一般地说，涂装深浅两色的镶色家具时，应从浅色的部位做起，然后再做深色部位，这样可防止涂装深色时漆液过界而沾染色面，而且也使沾染上的深色易于擦去。

现以用水曲柳木材制成的床头柜做成镶色为例，说明镶色家具涂装的操作过程。该柜的外壳和门的中间主体色调要求着染柚木色，门边的四周边线部位则要求着染水曲柳本色。其涂装程序如下：

（1）将家具表面用 1 号砂纸全部砂磨平滑并除净尘灰。将门板的四周边线涂饰成水曲柳本色，用硝基清漆或聚氨酯清漆刷涂一道作封闭层。待封闭漆干后涂饰门板中间部位的柚木色和门框外壳为深色。

（2）先将上道工序中过界的深色，用清洁布蘸少许酒精揩掉，再用 1 号木砂板将白坯表面全部砂磨一次并除净尘灰，然后进行柚木色的涂装。

（3）涂装柚木色后，用清洁纱布或丝头蘸些酒精将过界的浅色部位的颜色揩擦干净。如果擦不净，可用 0 号木砂纸轻轻砂磨，以擦清为止。全部着色工序结束。

（4）根据家具的涂装要求，将整个物面涂刷 2～3 遍选定的清漆。

11. 如何用聚酯漆涂装家具？

聚酯漆分蜡型聚酯漆和非蜡型聚酯漆两种，涂装方法有所不同，需分开说明。

（1）蜡型聚酯漆

1）打腻子用配套的聚酯腻子披挂表面，待腻子干燥后用砂纸磨平并清理浮灰。

2）染色用排笔将水色刷一道，用干排笔或软布打刷（擦）一遍，使之均匀；放置24h，使其充分干燥。

3）配制聚乙烯醇缩丁醛溶液。按聚乙烯醇缩丁醛:乙醇 = 5:95 的比例称量，置于适当容器中在搅拌的情况下混合加热至约

80℃，恒温 2h，使聚乙烯醇缩丁醛充分溶解，冷却至室温。用排笔将该溶液在刷过水色的面层上刷一道，干燥 4h 后用细水砂纸轻轻打磨一遍。

4）刷涂不饱和聚酯漆一遍时不加蜡液。

5）刷第一道涂层的干燥时间约 2h，干后再刷第二遍。在上述配好的漆中加 0.5～1g 蜡液搅匀，然后刷第二遍。经 24h 干后打磨，打磨时先用 320 号或 400 号水砂纸湿磨，然后用抛光膏抛光。

（2）非蜡型聚酯漆

非蜡型聚酯漆的涂装，其打腻子、染色和涂刷聚乙烯醇缩丁醛溶液等工序和上述蜡型聚酯漆的操作相同，下面介绍其不同的工序。

1）制作涤纶薄膜框架。定制一个大小适宜的木框（每边比涂装面大 5cm），用聚醋酸乙烯乳液将涤纶薄膜粘于木框上，要粘的平直，待聚醋酸乙烯乳液干燥后，即可使用。

2）将配好的不饱和聚酯树脂漆搅拌均匀，静置 2～3min 后，倒在刷过聚乙烯醇缩丁醛液的木面中央，把粘有涤纶薄膜的框架盖在树脂漆上，在薄膜的外表面用橡皮刮板或滚筒将树脂漆推平或辊平。刮时要注意将空气赶尽，不得留有气泡，应使薄膜平齐地贴在漆膜上。薄膜贴上后，放置 20～40min，即可将涤纶薄膜绷架取下。揭膜时，先轻敲涤纶薄膜四周，使其逐渐脱离；如果遇到边端有粘结现象，可用二甲苯和醋酸丁酯配制的溶液涂擦，勿用硬性剥离。

3）整理。为不使聚酯漆向四周溢出，在刷漆前应将板件四周侧面先漆好，然后涂刷一道聚氨酯漆，或用糯糊（或牛油）贴上纸条，防止溢出的树脂漆污染边端。在漆膜干结后，应将板件四周的树脂漆同纸条一起揭掉。不用纸条的，可以用角刀轻轻揭掉附着在边端的树脂漆。干后，漆膜如有缺陷（缺角、砂眼等），可用聚酯漆滴入，用零星小块涤纶膜覆盖，干燥后用水砂纸磨平抛光。

12. 如何采用硝基清漆涂装木制家具?

木制家具表面涂装硝基清漆称蜡克家具。其色泽鲜明,漆膜平整光滑,木纹透明,富有立体感。操作步骤如下:

(1)将表面清理干净,用刻刀将木刺、翘皮细心剔除,并用木砂纸打磨,清除油脂、胶迹与树脂等。浅色、本色装饰木材要经漂白处理。

(2)采用腻子填孔并抹平。凡用水曲柳、柳桉等木材制作的家具,应用油性填孔腻子全面批刮;对于细纹木材或制品的副面可不批刮,先刷一道虫胶清漆(浓度为15%),干后用虫胶腻子腻平洞眼。用1号木砂纸全面磨光并清除磨粉。

(3)将水粉腻子或油粉腻子均匀地满揩一遍,干燥后用细砂纸打磨光滑。

(4)刷涂虫胶底漆一道,以便封闭水粉着色层。干燥10~15min后轻轻打磨涂层。

(5)刷涂硝基漆。一般用排笔刷涂两道硝基清漆,最好将制品放平刷涂。第1遍稍稠(硝基漆与香蕉水的比例为1:1),第2遍稍稀(比例为1:1.5)。第1遍干燥约需30~60min,完全干燥后再刷第2遍。

(6)用水砂纸打磨。待漆膜干透后,用360号水砂纸蘸水细磨。

(7)擦涂硝基漆。经打磨后的漆面要求达到平整、倒光,这样便可擦涂硝基漆。

(8)湿磨涂层。第二次擦涂后,需静置干燥24h以上,再用400号水砂纸湿磨至平整光滑、全部出现乌光为止,然后擦干净表面,待完全干燥后即可。

13. 怎样选用居室装饰玻璃?

居室装饰常用到各种玻璃。玻璃品种多,用处各不同。

平板玻璃:这是最常见的玻璃材质,其透光、挡风、保温、主要用于门窗，一般要求无色，并具有较好的透明度，表面光滑平整，无缺陷。

压花玻璃：压花玻璃主要用于门窗，室内间隔、浴、厕等处。压花玻璃表面有花纹图案，可透光，但却能遮挡视线，具有透光不透明的特点，有优良的装饰效果。

中空玻璃：中空玻璃留有一定的空腔，这种玻璃具有良好的保温、隔热、隔声等性能，适用于采暖、消声设施的外层玻璃装饰。

钢化玻璃：钢化玻璃安全性能好，有均匀的内应力，破碎后呈网状裂纹，不会四散伤人。主要用于门窗、间隔墙和橱柜门。钢化玻璃还有耐酸、耐碱的特点，使用寿命较长。

夹丝玻璃：玻璃中夹杂铁丝，有很好的防盗性能，玻璃割破还有铁丝网阻挡。防火性能优越，可遮挡火焰，高温燃烧时不会炸裂，破碎时不会造成碎片伤人。主要用于屋顶天窗和阳台窗。

14. 玻璃表面怎样涂装漆料？

因为某些情况和使用功能的需要，有时要求在玻璃上涂装漆料。在玻璃表面涂刷漆料一般有两种情况，一种是涂刷透明的漆，另一种是涂刷出无光玻璃的效果。

涂刷透明漆的方法是：在玻璃上涂刷透明色漆，或涂刷加碱式颜料的硝基清漆，也可用醇酸清漆或酚醛清漆涂刷在玻璃表面，干燥后，浸入用湿水溶解好的染料溶液中，间隔 2~3min 后取出并晾干。

用涂刷漆的方法制造无光玻璃有两种方法：一种方法可得到有花纹的无光玻璃，另一种方法可得到半透明状的类似磨砂玻璃。

将饱和的硫酸镁水溶液，用刷子均匀地涂刷在洗净的玻璃上，待薄层溶液的水分蒸发后，硫酸镁即在表面结成美丽的花纹，再刷一层醇溶酚醛清漆，使硫酸镁结晶体牢固地附着在玻璃上，这就是美丽的花纹无光玻璃。

用稠厚的锌白厚漆或白调和漆，以松节油或 200 号溶剂汽油稀释，用刷子均匀地涂刷在洗净的玻璃上，用纱布棉球在玻璃上拍涂，达到半透明状，即成半透明状的类似磨砂玻璃。此法施工方便，但漆面易碰掉。

玻璃表面光滑，无吸收漆的毛细孔，表面的油污、灰尘和水分严重影响漆和玻璃之间的粘结力。涂刷时漆刷不均匀，产生流挂现象，漆膜在玻璃上干硬后，还会出现漆膜剥离和掉落现象，影响装饰效果。

为了使漆膜能牢固地粘结在玻璃上，且使涂层厚薄均匀，必须处理好玻璃的面层。粘结在玻璃上的油污，可用去污粉或丙酮擦洗，清除油污和灰尘后，要用清水冲洗，待干燥后才可涂刷漆和硫酸镁水溶液。

为了使漆膜牢固地粘附在玻璃表面上，可用人工方法或化学腐蚀的方法将玻璃表面打毛。人工打毛，是用棉纱蘸砂轮粉末等研磨剂，在玻璃表面上反复涂擦，达到基本均匀即可；化学腐蚀，是用氢氟酸轻度腐蚀玻璃表面，使其表面有一定的粗糙度。人工打毛和化学腐蚀都要用清水冲洗，使其表面洁净后再晾干。玻璃的表面经这样处理后再涂刷漆料，即可保证刷漆的质量。

15. 怎样扮靓卫生间？

卫生间照明设计有两部分组成：一个是净身部分，另一个是脸部整理部分。

第一部分包括淋浴和浴盆、坐厕等空间，这部分要以柔和光线为主。照度要求不高，但光线要求均匀。光源本身要有防水功能、散热功能和不易积水的结构。一般光源设计在顶板和墙壁。很多情况下浴室吸顶的分机中光线较暗，比理想照度要差，浴霸由于是强光发热，光线太强，不适合浴室照明。

应当有专门的照明光源来解决这个问题。一般在 $5m^2$ 的空间里要用相当于 60W 的光源照明。而对光线的显色指数要求不高，白炽灯、荧光灯、气体灯都可以。相对来讲，墙面光较好，则可以减少顶光源带来的阴影效应，光源最好离净身处近些，只要光源碰不到就可以。

第二部分是脸部整理部分。由于有化妆功能要求，对光源的显色指数有较高的要求，一般是白炽灯或显色性较好的高档光源。如三基色荧光灯、松下暖色荧光灯等。对照度和光线角度要求也较高，最好是在化妆镜的两边，其次是顶部。一般也相当于 60W 以上的白炽灯的亮度。最好是在镜子周围一圈都有灯。高档的卫生间还应该有部分背景光源，可放在卫生柜（架）内，以增加气氛。其中地坪以下的光源要注意有防水功能要求。

卫生间除了以上光源外，还要有电话、背景音乐、小型电视、毛巾烘干栏、电子秤等设备。这些设备都要有防潮功能。

16. 怎样解密设计师的窍门来打造居室装修的亮点？

在家庭装修中，居室造型总是抢先夺人眼球，令人羡慕不已。这往往是专业设计师的刻意营造。我们解密其中的窍门，也可以达到如此较好的效果。具体做法是：

（1）抓住视觉焦点：无论房间是何种风格，都需要制造一个第一时间抓人眼球的设计点。对于欧式的传统客厅格局，一般会有壁炉装置，只要你能围绕壁炉做些文章，比如尝试用一张我们惯常摆放在玄关的长条桌，桌子上方的墙面挂上精心挑选的镜框，以这个装饰为中心，摆放沙发、茶几等，即可起到意想不到的效果。

（2）利用闪光材质：利用镜子和玻璃表面的装饰品，可为空间带来闪亮高调的效果。比如在某一外观设计摆设漂亮的镜子，挂在合适的位置，即可利用其反射的自然光，照亮整个房间。同样，金属边框玻璃台面的茶几、水晶玻璃烛台、闪耀着金属光芒的花瓶都是不错的选择。

（3）突出灵魂色彩：为平淡的空间加入 1～2 种主题色彩，

能迅速获得惊艳的效果。为了颜色成为装饰主线，无须再加入过多的配饰；如果房间里的辅助色彩用于墙面大面积装饰，那么主题颜色的使用面积就要相对小些。

17. 如何让背阴客厅变亮？

背阴的客厅光线暗，亮度差，遇上天气变化，更是一片灰暗。若利用一些合理的设计方法，来凸显其立面空间，便能够使背阴的客厅增加一定的亮度，具体方法如下。

补充入口光源：光源在立体空间里可塑造出耐人寻味的层次感，适当地增加一些辅助光源，尤其是荧光灯类的光源，映射在顶棚和墙上，便可收到奇效，另外，还可以利用射灯打在浅色画上，也可收到较好的效果。

统一色彩基调：背阴的客厅忌用一些沉闷的色调。由于受空间的局限，异类的色块会破坏整体的柔和与温馨。宜选用白桦木板饰面、枫木饰面的哑光漆家具和浅米黄色柔丝光面砖；墙面采用浅蓝色调试，在不破坏氛围的情况下，能突破暖色的沉闷，可较好地起到调节光线的作用。

增大活动空间：厅内摆放家具会产生一些死角，死角会破坏色调的整体协调。应根据客厅的具体情况，设计出合适的家具，避免出现死角；靠墙展示柜及电视柜也要量身定做，节约每一寸空间，这在视觉上保持了清爽的感觉，自然显得光亮。

设计展示柜：可依墙面设计一排展示柜，既可充分利用死角，保持统一的基调，还为展示个人文化品位打开了一个窗口。值得注意的是，在地面处理上，要尽量使用浅色材料，避免深色吃光，这也能增进客厅内的光亮度。

18. 怎样减少新房甲醛污染？

因装修污染引起住户身体不适，甚至因此而染病的事虽然偶有发生，但是，这是谁都不愿意粘上的事。这往往是装修用材中甲醛浓度超标所致。怎样减少新房甲醛污染？

最好的办法就是，尽可能不要太多的使用释放甲醛的装修材料，因为即使这些材料符合国家强制性标准的要求，如果用量大，累加后仍可能导致室内甲醛浓度超标。

目前室内装修材料中，涉及甲醛的材料包括：人造板（中密度纤维板、刨花板、胶合板、装饰单板、贴面胶合板、细木工板）、强化木地板、实木复合地板、竹地板、木家具、地毯（含地毯衬、地毯胶粘剂）、胶粘剂、壁纸等。

如果装修中不得不用到这些材料，选购时要向经销商索要检验报告。对人造板而言，最好选购甲醛释放量达到 E1 级的，至少要达到 E2 级的，否则不能用于室内装修。也有个简单的鉴别法：选家具时要打开厨门及抽屉，买人造板可掀开板子去感觉，当甲醛浓度高时，会辣眼睛、刺激鼻子、打喷嚏。

施工时还应注意一些细节问题。比如，所有用人造板做成的物品都应当油漆，并做封边处理，包括橱柜的背板、顶底板、抽屉底板等内部隐蔽部位，这样可以将材料中的甲醛封在材料中，不易向空气中释放。最重要的是，要经常保持室内通风透气。

19. 什么样的家装有害健康？

居家保健与家庭居住的小环境密切相关，有些家庭装修手法对健康有很大影响，且这些装修手法往往是居家装修中常见而又容易被忽视的，比如下面几种装修对健康就很不利。

高光彩光：室内的采光和照明不应过亮，尤其是光束指向性很强的射灯，决不能作为照明的主角使用，有的人家把家装修得像歌舞厅，其实，黑光灯、荧光灯以及闪烁的彩色光源则构成了彩色污染，会危害人体健康。据测定，黑光灯会产生波长为 250～300 的紫外线，其强度大大高于阳光中的紫外线，人体如果长期受到这种黑光灯照射，有可能引发鼻出血、脱牙、白内障，甚至导致白血病和癌症。彩色光源还令人眼花缭乱，不仅对眼睛不利，而且还干扰大脑中枢神经，使人感到头晕目眩，站立不稳，出现头晕、失眠、注意力不集中、食欲下降等症状。荧光灯照射时间过长会降低人的钙吸收能力，导致机体缺钙。

反光：表面光滑、带有镜面效果的装饰材料会反射光线，也会造成室内的"光污染"，使人感到头晕目眩、心神不定。

镜面：在当今的室内设计中常见将整个墙面、柱面或顶棚用镜面玻璃或镜面金属作为饰面材料。在客厅和卧室中最好不要用镜面材料，它除了反射光线之外，晃动的人影也会给人带来凌乱的感觉；床也不宜对镜，人在半清醒状态易被镜中影像惊扰，精神不得安宁。

赘布：纷繁复杂的装饰品不仅不能给空间带来美感，反而会使整个空间显得杂乱，装饰效果也不好，且容易藏污纳垢，成为影响健康的污染源。

石材：家庭中大面积使用天然石材，存在放辐射性威胁，含有放射性元素的天然石材易释放出氡。研究表明，氡对人体的辐射伤害占人体一生中受到的全部辐射伤害的55%，是除吸烟以外引起肺癌的第二大因素。

贴面：塑料地板革、PVC贴面等很多的人造贴面材料，不光色彩和质感很差，给人浮华、廉价的感觉，散发的气味也会影响身体。

20. 如何清洗与保养地面饰材？

釉面砖：可用笤帚或湿拖把蘸清洁剂清洗，务必不可将釉面砖抹光打蜡，这会使地面变得异常光滑，容易发生意外事故。

大理石：不可使用粗糙的研磨剂清洗大理石地砖，这样会刮伤地砖表面。一般是用蘸水的拖把将地面拖干净即可。如果要使地砖有光泽，可用防水蜡作处理。

石板瓦砖：这一类地砖通常用苏打水清洗即可。若要使地砖有光泽，只要在其上面涂抹一些乳液，便能呈现出你所要的效果。

塑胶地砖：如果使用吸尘器清理其上的尘土、砂粒，很容易刮伤地砖表面，最好的方法是用蘸少量清洁剂的湿拖把擦拭。但不要蘸得太湿，以免水分从地砖缝中渗入，发生渗漏。

21. 怎样清洗和修补家具？

若烟头或未熄灭的火柴等燃烧物把家具漆面烧灼，可在牙签上包一层细纹硬布，轻轻擦抹痕迹，然后涂上一层薄蜡，焦痕即可除去。

如果家具漆面擦伤，未触及漆下木质，可用同家具颜色一致的蜡笔或颜料，在家具的创面擦抹，以覆盖外露的底色，然后用透明的指甲油薄薄的涂一层即可。

蜡油滴在漆面上，千万不可用利刃或指甲刮剔，应等到白天光线好时，用一塑料薄片双手紧握，向前倾斜，将蜡油从身体前方向后慢慢刮除，然后用细布擦净。

水滴到家具上，若不立即擦干，会泛起水渍痕印。对此，可用湿布盖在痕印上，然后用电熨斗小心地按压湿布数次，印痕会因遇热水分蒸发而消失。有些家庭使用桐木家具，桐木家具质地松软，碰撞后易留下凹痕。处理方法是：先用湿毛巾放在凹陷处，再用熨斗加热熨压即可恢复原状。如果凹痕较深，则需粘合充填物。

要除去木制家具的漆，可用显影液涂在家具的漆面上，洗净晾干后用细砂纸打光，就可重新刷漆了。

新买的木制家具如饭桌、台面、木椅等，一旦开裂，可采用下列方法补救：将旧棉布或破麻袋烧成灰，然后用生桐油搅拌成糊状，嵌补到木器的裂缝中，阴干后即可牢固。或者，将报纸撕成碎片，加些明矾和清水，煮成稠糊状，冷却后涂于木器的裂缝中，干后也十分牢固。

22. 家庭环保如何从改善居室空气做起？

目前，家庭室内空气污染主要包括两大类：一类是气体污染物。如厨房煮饭炒菜产生的一氧化碳、氮氧化物及强致癌物。还有室内装饰材料、化妆品、新家具等散发出的有毒、有害物质，主要有甲醛、苯、醚酯类及三氯烯等挥发性有机物等。另一类是微生物污染物，如细菌、病菌、花粉和尘螨等。室内潮湿的地方，容易滋生真菌，造成微生物污染室内空气。真菌在大量繁殖的过程中，还会散发出大量的令人讨厌的特殊臭气。这些生物污染可以引起房屋使用者过敏性疾病及呼吸性疾病等。因此，家庭环保的重点就是要从改善室内空气质量消灭这些污染源做起。

（1）装修房屋的时候，要选择带有环保标志的绿色装饰材料。可以向中国建筑装饰协会咨询这方面的详细情况，也可请室内检测中心的人员来检测室内的空气质量。

（2）要充分发挥抽油烟机的功能。无论是炒菜还是烧水，只要打开灶具，就应把抽油烟机打开，同时关闭厨房门，把窗户打开，这样有利于空气流通，消除污染物。

（3）马桶冲水时放下盖子，平时不用时尽量不要打开。水箱中最好使用固体缓释消毒剂，并选用安全有效的空气消毒产品来净化空气。

（4）在打扫卫生时，有条件的最好是用吸尘器，或者用拖把和湿抹布。如用扫帚，动作要轻，不要把空气扬起加重空气污染，尽量不使用地毯、鸡毛掸子。使用空调的家庭，最好能启用一台换气机，其中换热器效率较高者为佳，有的换热效率可达70%左右，排出的冷风可以有效地将室外抽入的热风冷却，使室内空气保持新鲜。

另一种有效的方法是使用空气净化器。当然，要保持居室空气新鲜洁净，最有效、最经济的方法就是经常通风换气。

第十二章　节能工程

1. 为什么家庭节能要从装修基础起步？

家庭节能应该从起步装修开始，及早谋划、及早规划。以免以后再反复地改建。

（1）如果原有的是单玻璃普通窗，可改换成中空玻璃金属窗；西向、东向的窗户还可安装遮阳罩；选择窗帘时，则要尽量选择布质厚密、隔热保暖效果好的窗帘。

（2）尽量不要破坏原有墙面的内保温层，将阳台改造成与内室连通时，要在阳台外墙面及顶面加装保温层。

（3）不要单纯为了美观在暖气包上加罩子或者在暖气上面设置家具。

（4）安装一个密闭保温效果好的防盗门，在外门窗口加装上密封条。

（5）大红色、绿色、紫色等深色系涂料比较吸热，大面积使用在墙面中，白天会吸收大量的热能，如果使用空调会增加居室的能量消耗，因而不宜大量使用。如需要突出个性，不妨通过木材、铝塑板、浅色涂料等比较反光的材料来体现。

（7）在家里，抽水马桶是用水比较多的设备，可选用双控节水马桶。在厨房应安装节水水龙头，并在厨房和浴室的水龙头下面安装流量控制阀门，尽量缩短热水器和出水口的距离。有条件安装浴缸的，要与淋浴结合使用。有条件的应利用太阳能热水器。

（8）在节电方面则要从灯、插座和开关入手。尽量不要选择太复杂的吊灯。要选择节能灯具，卫生间安装感应照明开关，灯具尽量单开单关，同时，应尽量设计墙面插座，尽量减少连线插板，插座则要选择有控制开关的插座。

2. 如何巧装暖气罩?

目前,许多旧房用户使用的还是传统的铸铁暖气片,这种暖气片的外形不美观,他们在装修改造中多用暖气罩来美化。安装暖气罩,怎样达到既美观又不影响使用功能呢?

(1) 暖气罩的散热窗要开在暖气罩的顶部,便于热气向上散发。罩的底部还需留出进气口,空气从下进上出自然形成对流,会使整个房间更加暖和。

(2) 要把暖气罩制作成可拆卸式的,并在暖气立管的阀门处留出检查口,检查口的大小便于给暖气片放气和维修操作即可。

(3) 安装时,不要让暖气罩内侧离暖气片太近。否则,经长时间的烘烤,木材失水过多,会产生变形,影响美观。

(4) 小规格的暖气片不适宜做暖气罩,否则会显得臃肿不堪。可在暖气片上方安置能折叠的活动桌面或带有透气孔的扣板,便于利用;厨房和卫生间因油烟、潮湿,也不适宜使用暖气罩。可以把暖气片漆成与墙面相同的颜色。

在家庭装修中,尤其是在进入供暖季节后,管道内已加压供水,如不得已需动用管道和暖气片施工,需报经有关部门同意局部停气,否则,施工稍有不当,就很容易导致跑水事故。因此,根据有关规定,暖气管线和暖气片严禁拆改。

3. 怎样巧妙摆放太阳能收集器?

随着太阳能的利用,特别是太阳能热水器的普及,住宅设计急需增加一个新的内容,即怎样在不影响住宅美观,甚至在丰富外观的前提下,尽量利用太阳能来解决家庭供热水和取暖的问题。现介绍以下几种可行性方案,以供你在家庭装修改造时选用。

(1) 集中摆放

卫生间尽量集中布置,设置收集器上下水管的专用管道井,如图 12-1 所示。

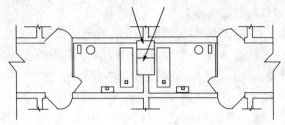

图 12-1　设置收集器上下水管的专用管道井示意

为便于进行保温处理，上水管可以用一个总管，几户可共用一个蓄热水箱，只要每户安装一个总热水表即可，但须由专人管理，也可以每户独用一套设备。收集器和蓄热水器最好安放在屋顶上，当然最好沿平顶屋面的中性线成行排列，以免影响美观。如果必须放置在平顶屋面南侧，收集器最好沿东西方向连续成行排列，这样就不致于影响美观了，如图 12-2 所示。

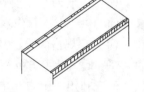

图 12-2　太阳能收集器沿东西方向连续成行排列示意

如果必须沿平顶屋面北侧设置，应有女儿墙加以遮蔽，如图 12-3 所示。显而易见，对于后两种情况，选用与收集器一体的卧式水箱较直立式圆桶水箱效果要好些。

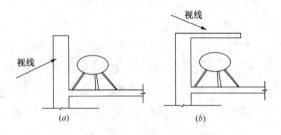

图 12-3　女儿墙遮蔽示意
(a) 做法一；(b) 做法二

显而易见，对于后两种情况，选用与收集器一体的卧式水箱较直立式圆桶水箱效果要好些。

（2）隐蔽摆放

对于坡屋顶住宅，可以把收集器当作屋面的一部分，水箱则容纳在屋顶的空间内。从地面上一般看不到坡度较小的屋面，覆以玻璃盖板的收集器表面也不致于引人注目，如图 12-4 所示。

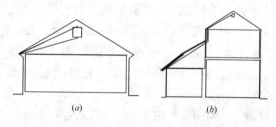

图 12-4　收集器隐蔽摆放示意
（a）单层；（b）双层

（3）用收集器替代阳台栏板

把收集器替代阳台栏板也是可取的一种方案，如果立面处理及色彩选用恰当的话，也可取得独特的效果，由于收集器垂直或接近垂直，灰尘不易积在上面，且易于清洗，更换维修也很方便。但收集器盖板玻璃的反射将造成眩光，十分显眼，会造成行人炫目刺眼。为消除这种现象，可以把收集器的外层玻璃镀上非反射膜，或改为磨砂玻璃。

除此之外，当然还有其他的可利用方法，比如收集器嵌入外墙内，与外窗口有机结合起来，都在可考虑之列。

（王春等）

4. 家庭节能有什么办法？

夏季降温，冬季保暖，都需要开着空调；热水器洗澡，食物储存等，都需要消耗大量的能源，现介绍以下方法，既可以满足你的需求，又能为你家节省能源。

（1）间接性地使用空调：24h 开着空调，家里当然很凉快，但能源消耗太大，如果间歇性地开空调，既不会觉得热，又节省了能源。

（2）以电扇代替空调：采用空调降温，当然方便又有效，但空气质量未必理想；如果以电扇代替空调，选择中低档，让电扇的中风或微风轻轻地吹着，既可以平息夏天躁动的心灵，又可以加快室内的空气流通，体验清风拂面气温舒适的感觉。

（3）选择浅色调窗帘：夏天选窗帘的时候，要注意选浅不选深。深色的窗帘会吸热，而浅色的窗帘则能够反射光和热。如果有条件，也可选择迷你百叶窗帘，它可以把 40% ~ 50% 的热量挡在外面。

（4）做做"夜猫子"：白天的时候因为外边的温度高，所以尽量不要开门窗，也尽量不要在家里干活，比如使用电脑、看电视、用洗衣机、开烤箱、频繁地开关冰箱等。因为用电器就产生热量，使本来就很热的家里更热。所以，夏天的时候不妨做做"夜猫子"，把要做的活挪到晚上干。

（5）晚上打开门窗：晚上 10 点以后，房子外边的气温慢慢开始降下来，这时候打开门窗，邀请外边的凉爽空气进入家里。如果家里空气能够对流就更好了。如果不能对流，不妨使用电风扇来制造人工的对流。这样既给家里降了温，又不用开空调，省电的同时，还给家里注入了新鲜空气，一举多得。

（6）妙用洗衣机：夏天的衣服天天洗，几乎天天都要用到洗衣机。但夏天的衣服又轻又薄，所以洗起来很省劲。如果衣服不太多，不要忘记把水位调到中低位，这样既节水，又缩短了洗衣的时间，减少了洗衣机散发出的热量，同时为了节省能源除非特殊情况，不要使用干烘的功能，因为气温高，可以把衣服晾在外面，同样干得很快。

（7）充电器不要老插在插座上：很多人习惯把手机的充电器一年到头插在插座上。这样做且不说影响到充电器的使用寿命，而且在夏天，充电器插在插座上时不停地散发出的热量，成了家中的一处热源。所以，充电器不用的时候还是拔掉为好。

（8）使用冰箱的"三不要"：不要把冰箱塞得太满，冰箱里塞了太多东西会加重冰箱的负担，增加能源的消耗，而且超过一定的负荷，冰箱会停止工作。同时也不要让冰箱太空。冰箱太空，没有食品来保持温度，冰箱里的温度很快就会上升，冰箱的工作频率就会增加，从而消耗更多的能源。另外，不要频繁地开关冰箱。每开一次冰箱，就会有热气涌进冰箱里增加冰箱的负担。

（9）多用高压锅：如果家里有高压锅，炖肉煮饭的时候尽量使用高压锅，这样既快捷，又节约能源，还可以减少热量的散发。想想看，炖一锅排骨，如果在煤气灶上，要用两三个小时，而在高压锅里，只用20min就足够了。

（10）加热时多用微波炉少用煤气灶：使用微波炉方便而快捷，产生的热量也少，而煤气灶因为使用的时间较长，消耗的煤气和产生的热量也更多。

（11）做饭也节能：在菜或饭快做好时，关上煤气，让炉灶的余热来持续烹饪所需的热量。做汤时，加的水要合适，不要太多，太多的水会消耗更多的煤气，产生更多的热量。一次做的饭尽量要多些，这样吃不完的可以先妥善放好，然后可以用来自制一些简易快餐。

（12）一定要用吸油烟机：吸油烟机排掉的不仅仅是油烟，还有做饭时产生的热气。所以做饭、炒菜时千万不要忘记这个好帮手。

（13）巧用冰块降温：液体蒸发时会吸收空气中的热量，巧用这个物理学原理，也能将家居环境的温度降下来，从冰箱中取出一些冰块，放置在一个小容器里，然后放在家里你待的地方，会起到意想不到的降温效果。

（14）装上遮阳棚：在朝南的窗户上方装上遮阳棚，可以提供一片阴凉，雨天可以遮雨，艳阳天时可以挡住阳光的直射。

（15）少用白炽灯多用荧光灯：荧光灯的亮度比白炽灯更大，所以荧光灯更省电，又减少了散发在空气中的热量。更不要打开安在顶棚上的小射灯。它们虽然很好看，但是不仅费电，散发的热量也多。

（16）早晨出门前关紧门窗：早晨出门前检查一下门窗是否关紧，因为中午时外边的气温很高，如果不关紧门窗，炎热的空气就会乘虚而入，屋内的气温跟着就升高起来。如果有窗帘，则要把所有的窗帘都拉上，这样等于为家安装了一道屏障，把热气都挡在了外面。

第十三章　水电暖安装工程

1. 管道安装有哪些规定？

（1）选用管道、管件质量应符合现行国家标准的规定。

（2）管道的安装，必须横平竖直。

（3）排水管道必须畅通。

（4）安装的各种阀门位置应正确，便于使用维修。

（5）经通水试压所有接头、阀门与管道连接处不得有渗水、漏水现象。

（6）镀锌管道端头接口螺纹必须有八牙，进管必须有五牙，不得有龇牙，生料带必须缠绕5圈以上，方可接管绞紧。

（7）绞紧后，不得朝反方向回绞。

（8）安装完毕后，应及时用勾钉固定。

（9）管道与管件或阀门之间不得有松动。

（10）塑料（PVC）管道、管件，应严格按产品说明书规定安装。

（11）热水器（电热水器）进水口前应安装阀门。

（12）浴缸排水口应对准落水管口，并做好密封，严禁使用塑料软管连接。

（13）淋浴龙头应安装在下水口的同一边，冷水在右，热水在左，龙头位置端正，碗形护罩紧贴墙面。

2. 如何做好管道孔洞预留？

做好管道孔洞预留，对于下步做好防渗漏和装修至关重要。管道孔洞预留可分为管道孔洞预留和套管预埋两种。做好此项工作应把握以下几点：

（1）熟悉图纸，理解设计意图。图纸既是技术文件，又是搞好预留的依据。必须领会图纸，明确套管的规格、型号、数量、位置、标高等，为预留工作做好准备。

（2）预留洞口尺寸不得过大，空洞直径比所穿管子大两号为宜。如穿 $Dn150$ 管子，可留 200mm 的洞，洞过大势必影响或需切断钢筋，且不利于事后堵洞。

（3）预留洞是用钢管放在墙体内或顶板上，待混凝土初凝前拔出，可周转使用。

（4）套管不得少留或留错位置，以免重新开洞。遇钢筋时，不允许随意切断钢筋。

（5）套管定位后严禁移位，可用铁丝固定在相应钢筋上。水平套管内填充泡沫塑料，防止混凝土落入管内。

（6）套管分刚性、柔性和防水套管三种。采用哪种套管应与设计要求匹配。

（草民生　林庆军）

3. 家庭装修如何防尘?

在安装暖气、自来水管道和空调时，大多使用电钻钻孔。在电钻钻孔时，尘土飞扬，操作人员深受其害，同时，洁白墙面受到污染，很不美观。特别是电钻带水作业时，操作人员虽然少受灰尘侵害，但墙面受到的污染更为厉害。

针对上述情况，现提出一种方法，可利用面粉编织袋、塑料袋等，在电钻钻孔的地方，先用报纸或塑料薄膜将干净的墙面覆盖。当电钻钻孔的时候，钻头从将两端封闭的面粉袋或塑料袋的中部钻入，电钻就可以进行工作了。

这样，电钻工作时喷出来的灰尘大部都落在袋子里，操作人员也少受灰尘飞扬的侵害，同时，墙面也少受污染，清理室内喷出的灰尘也省力多了。

（王春）

4. 怎样选购地漏？

地漏是连接排水管道系统与室内地面的重要接口，作为住宅中排水系统的重要部件，其性能好坏直接影响室内的空气质量，对卫浴间的气味控制非常重要，地漏虽小，但要选择一款合适的地漏，考虑的问题很多。

按防臭方式不同，地漏主要分为三种：水防臭地漏、密封防臭地漏、三防地漏。

水防臭地漏是最传统也最常见的地漏，它主要是利用水的密封性防止异味的散发，在地漏的构造中，存水弯是关键。这样的地漏应该尽量选择存水弯比较深的，不能只图外观漂亮。按照有关标准规定，新型地漏的本体应保证水封高度为5cm，并有一定的保持水封不干涸的能力，以防止反臭气。现在市场上出现了一些超薄型地漏，非常美观。但是，防臭效果不是很明显。如果你的卫浴空间不是明室，还是选择比较传统一些的为好。

密封防臭地漏是指在漂浮盖上加一个盖，将地漏体密闭起来以防止臭味散发。这款地漏的优点是外观现代前卫，而缺点是使用时每次都要弯腰去掀盖子，比较麻烦，但是最近市场上出现了一种改良的密封式地漏，在上盖下盖间有弹簧，使用时用脚踏上盖，上盖就会弹起，不用时再踏回去，相对方便多了。

三防地漏是迄今为止最先进的防臭地漏。它在地漏体下端排水管处安装了一个小漂浮球，利用下水管道里的水压和气压将小球顶住，使其和地漏完全闭合，从而起到防臭、防虫、防溢水的作用。

5. 如何购买淋浴龙头？

过滤网：水质并不优越的地区，过滤网的安装可以减少过滤杂质，同时防止了杂质对陶瓷阀芯可能造成的损害。

旋转角度：能旋转180°的使用更方便，而能旋转360°的意义并不大。

可拉长莲蓬头：为了不发出难听的声响，应尽量避免使用金属制的管子。

水管长度：经验表明 50cm 长的管子就够用了，市面上也可以买到 70cm 以上的管子。

防钙化系统：在莲蓬头和自动清洗系统中都会沉积钙质，一体化的空气清洗器有防钙化系统，在内部也能阻止设备被钙化。

6. 如何巧用洗衣机地漏治渗漏？

低温热水地板辐射采暖已在采暖地区广泛采用，它具有节约能源、节约材料、不占用楼房使用面积等优点。但是，用户在使用一段时间后，往往会出现楼板漏水现象，漏水的部位大多是在靠近卫生间附近的房间。

其漏水原因是：卫生间地面一般做法为防水层上铺设聚苯乙烯保温板、辐射地暖管材等，用户在卫生间淋浴或大量用水时，大部分水从地漏排出，也有少部分水从地面面层缝隙渗入防水层与聚苯乙烯保温板之间，当水位超过卫生间楼板结构层与附近房间楼板结构层高差时，水将会从聚苯乙烯保温板与楼板间隙流入卫生间附近房间，这便会出现卫生间附近房间楼板漏水现象。

为了防止楼板漏水现象，有的设计单位采取在聚苯乙烯保温板下做一层防水，这一做法也存在弊端：一是工程造价提高；二是如果下层防水短时间内不漏，上层防水很难通过 24h 蓄水试验检查出防水施工质量问题，如果上层防水漏水，也会出现楼板漏水现象。

为了克服低温热水地板辐射采暖楼板漏水现象。现介绍一种做法：

（1）在卫生间内设计 Dn50 洗衣机专用地漏，其安装高度比防水层低 10mm，防水找平层做出 1% 的坡度，坡向洗衣机专用地漏，找坡范围为卫生间全部面积，防水找平层做完后，再做防水层，通过 24h 蓄水试验检查防水层施工质量，不渗不漏合格后进行下道工序施工。

（2）在铺设聚苯乙烯保温板时，将 $Dn110$ 的地面清扫口放置在 $Dn50$ 洗衣机专用地漏上，将地面清扫下部 $Dn110$ 短管（与洗衣机地漏接触处），锯成锯齿状，地面清扫口比地面面层高出地面清扫口盖的高度。

利用上述做法可以避免卫生间附近房间楼板漏水现象，当防水层与聚苯乙烯保温板之间充水时，水将从地面清扫口下部短管锯齿处流入洗衣机地漏，当使用洗衣机时，将地面清扫口盖拧开，洗衣机排水软管通过地面清扫口插入洗衣机地漏；当洗衣机地漏堵塞时，可以用手将洗衣机地漏高位水封取出，清除杂物。

（3）施工中应注意以下几点：

1）洗衣机专用地漏应放置在墙角或靠近墙体附近，不会影响人们活动。

2）后续施工中应检查地漏清扫口下部短管锯齿处周边是否有水泥浆等杂物堵塞。

3）铺设聚苯乙烯保温板及浇筑细石混凝土等后续施工时，检查地面清扫口是否位移，方法是洗衣机地漏高位水封能否从地面清扫口内自由取出。

上述做法不仅适用于住宅楼工程，还可以用于宾馆及办公楼等工程，其施工容易、投入费用低，费用为只增设一个地面清扫口和找平层找坡时增加水泥砂浆用量的费用。

（刘国升）

7. 如何自制手扳弯管器使揻弯更简便？

在管道安装工程中，传统的 PVC - U 管揻弯弹簧只限于 $Dn16 \sim 25$ 管揻弯，而 $Dn32 \sim 50$ 管只能使用传统弯头，由于成品弯头与管胶粘处可能有缝隙，易破坏电线绝缘皮而造成隐患，同时成品弯头弯曲半径达不到规范要求，会增大穿线阻力。

为解决现有揻弯弹簧无法揻制 $Dn32\sim50$ 管的弯管问题，可自制手扳弯管器。具体制作方法是：用上、下圆钢板将圆木轮夹在中间，采用螺栓贯穿于圆心，将手柄、上下圆钢板、圆木轮共同固定，如图13-1所示。

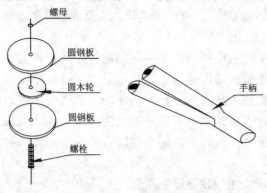

图13-1　手扳弯管器制作示意

手扳弯管器的操作方法：将所要弯制的PVC-U管放入相应的弯管器上下圆钢板内的圆木轮上；上下圆钢板限制管的移动，一手握住PVC-U管，一手握住手柄，两手同时向内用力，将PVC-U管弯到所需要的弯度即可，如图13-2所示。

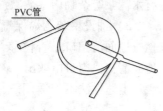

图13-2　手扳弯管器使用示意

自制手板弯管器，原材料简单易得，制作容易，操作方便，保证了弯管质量，加快了施工进度。

（董红霞）

8. 选用坐便器如何要"对距入座"？

挑选坐便器很有讲究。有人以为只要外形豪华，色彩与卫浴的墙、地砖颜色匹配便可以了。其实不然，选择正确的孔径型号与排水方式更重要。这里要注意的是要量好管口圆心（下水管）与墙面的距离。量准用于安放坐便器的下水管口与圆心至墙面的垂直距离，然后购买相同型号的坐便器来"对距入座"。30cm为中下水坐便器，20～25cm为后下水坐便器，40cm以上为前下水坐便器。型号稍有差错，下水就可能不畅通，选用时须谨慎。

9. 如何巧改坐便器水箱橡皮封口球体？

如何使坐便器水箱节水又能满足使用功能？只要将坐便器水箱封口球体稍作改良即可。坐便器冲水原理是，用一根一端连着开关按钮，另一端系在水箱冲水橡皮封口上，橡皮封口下有一空心球体。使用时，只要将按钮开关的绳索拉启，空心球体就随着水的浮力而浮起，水就从下水出口处冲向坐便器，当一水箱水冲完后，空心球体没有浮力而落下。盖落在下水口处封住下水口，使水箱能再次蓄水待用。如果在这个空心球体内加重，使它在开启后不能使随水的浮力而自由升起，而靠人工用绳线控制，就可不让一整箱的水全部跑光即能自行落下封口止水。当按住开关按钮时，绳线拉启即开启，水从下水口冲出，视冲干净后，人为把开关按钮放掉，即绳线松开，靠其自重（大于水的浮力）自动落下封盖下水口而阻止水流出。根据这一冲水原理，可在橡皮水封球体内灌入水泥浆，待其干后（一般24h），把橡皮水封仍安装在坐便器附件上，盖住下水口，按常规用线绳与按钮开关连接好，盖好水箱盖，然后让水箱蓄满水，再开始使用，当按下开关按钮使线绳把橡皮封口提起时，下水口即开始冲水，想不让其出水时，即把开关按钮放掉，使连接橡皮水封的绳线放松，封口球体就在自重的作用下，自动跌落封盖在下水口上，阻止出水，如果再冲水时，就再按下按钮暂不要放掉。经试验其使用非常灵便，达到随开随关，随心所欲地控制水箱用水的流量，不让水箱的水白白地流掉，达到方便良好的节水效果。

（毛一雄　毛学芬）

10. 修理瓷芯水龙头滴漏水有何小窍门？

在日常生活中，厨房间或卫生间的自来水龙头因开关失灵而滴漏水的现象非常普遍，这不仅给居民造成很大的不便，而且浪费水资源。要解决这个问题并不难，用户只要自己动手，简单修理，就可以恢复漏水龙头的关闭供功能，使其正常使用。现将修理方法介绍如下：

（1）先把滴漏水龙头手柄上的圆塑料片用小刀挑开，用螺丝刀把手柄卸掉，再用活动扳手把上压盖拧下来。把压盖翻过来，就可以看到一个橡胶圈下压着的瓷芯片。水龙头滴漏水的主要原因是橡胶圈老化或收缩，不能将水龙头中的两瓷芯片压紧，瓷芯之间出现缝隙，导致水从缝隙之间滴漏。

（2）把水龙头压盖上的橡胶圈拔开，用生胶带按橡胶圈的直径做一个垫圈。具体做法是将生胶带在食指上绕几圈并捏紧即可。垫圈的厚度应根据滴漏水的大小来确定，滴水速度快而大，说明两瓷芯之间的缝隙大，垫圈就要厚一些；反之则薄一些。然后将做好的垫圈放在瓷片上，注意要尽量将垫圈紧贴压在盖的边沿，不要堵住进水口，再将原橡胶圈压上，重新安装好，进行通水试验。一般情况下，用这种方法修理过的水龙头再不会滴漏水，若仍有滴漏，就说明用垫圈的厚度不够，用生胶带绕一个稍厚的垫圈重新安上就可以了。

实践证明，这种修理方法简单、有效，在倡导节约资源的今天，有一定的使用和推广价值。

（王战发）

11. 防止化粪池反臭有何办法？

住宅的污水一般是通过排污管道直接排入三级化粪池或室外暗沟的。如此，化粪池或室外暗沟中的腐烂物质产生的臭味，便会沿着排污管路上升，经洗菜池的泄水口进入室内。遇到天气变化，臭味更浓。

针对这种情况，安装一个存水弯即可防止化粪池的臭味反窜。具体做法是：

在排污管道经底层进入污水沟的平流段之前，设置内径与排污管相同的存水弯头，弯头内的存水就起着防臭作用。一条污水管只需一个弯头就够了，省工省料，效果很好。

（王春）

12. 防止卫生间反臭味有何对策？

卫生间常有臭味，尤其是到了夏天，倘然遇上楼上冲洗厕所后的污水经过本楼层时更为明显。一进入卫生间臭味扑鼻。卫生间臭味来源，主要是三个方面：地漏、坐便器和洗脸盆装置上的问题。

地漏：普通地漏不设存水弯而直接接入水管，有的地漏水封高度达不到要求，有的存水水封被破坏，造成卫生间溢出臭气。

因此，在装修改造地漏时，要采用高水封防虹吸地漏，其水封高度可达 80mm，即可很好地起到水封的作用，又能起到水封被破坏的作用；也可以使用防臭地漏，其底部设有弹簧，在不排水的时候，依靠弹簧的拉力，可以挡住下面的废气进入室内。另外，有一部分地漏的盖子可以旋转，在长时间不使用的情况下，可以将其密封，可防废气进入室内。

坐便器：一是卫生间没有至屋顶的排水通气管。卫生器具特别是坐便器排水系统上不设通气管或辅助通气管，不但影响管道中的异味散出，还会造成卫生器具水封破坏，使异味溢到

211

室内。特别指出的是，到屋顶的排水通气管应是必不可少的。一般污水通气管出屋面的高度必须符合规范规定的标准要求，不上人屋面出屋面高度为 0.7m，上人屋面出屋面的高度为 2m 以上；二是坐便器水封被破坏。排水干管瞬时大量排水，造成个别卫生间坐便器水封装置被破坏；坐便器自身水封不合格，容易出现虹吸现象，从而破坏水封装置，造成异味散出。

解决的方法很简单，只要安装使用带防虹吸功能的坐便器即可避免此类情况发生。

洗脸盆：一般家庭使用的洗脸盆或拖布池等，排水管直接进入主排水管道，没有设置水封装置，并且其自身带的水封装置不严，是散发臭味的主要原因。

针对这种情况，主要解决方法是在安装初期，安装带防虹吸功能的水封装置，另外，产品自带的水封装置一定要严密。

总之，在卫生间器具安装时，防虹吸的水封装置最好要设置，地漏最好选用防臭功能的，坐便器最好选用自带防虹吸功能的，洗手盆等最好选用严密的自带密封装置，这样就相当于给自己的家庭环境用上了双保险，创造了一个良好的生活环境。

（葛彦昭等）

13. 如何巧用预制排气道？

许多居民在屋面上安装了太阳能热水器。热水器管路都是利用原有卫生间排气道安装的。这样造成了排气道空间变小，影响了排气的正常效果。有些新住宅楼在设计时也没有考虑二次安装太阳能热水器管路的问题。

如果对预制排气道稍做改造，便可"一道两用"，即可排气又可作为太阳能管路通道。具体做法是：

（1）与生产预制排气道厂家联系协商，在加工制作排气道时，取消副排气道中的挡板，使排气道中的两个排气口畅通无阻。

（2）在安装太阳能热水器管路时，冷、热水管路分别在两个排气口内安装，以防止热量损失。太阳能管路的安装同卫生间排气道的安装方法一样，在室内装饰时，应在距顶棚300mm处做标记，给安装太阳能管路创造条件。

（3）安装太阳能热水器管路时，可把热水管分别引到洗脸盆、厨房洗菜盆上，做到一"能"多用，既环保又节能。

14. 给水、排水、暖管如何巧修？

巧接支管：安装排水立管时，不允许用正三通，只能用斜三通或顺水三通，以便排除空气，预防污物堵塞管道。安装采暖支管三通时，应用羊角三通，可防止产生涡流现象，平衡系统热量。压缩空气接支管时，则要开口扩开的三通，以便于组织气流，保证供气的连续性。

巧焊管道：给水管位于墙角或紧贴地面，不便焊接时可用开洞法。在管子上方打开1个能伸进管枪的方洞，用焊枪在管内焊底部焊缝，从管子外部焊上外部焊缝，然后焊上开洞的部位。焊管内底部焊缝应多焊些，防止与外部焊缝脱节而发生漏水。

巧稳坐便器：用电钻按坐便器本身地脚螺栓位置钻出孔洞，将事先拌好的水泥砂浆均匀抹在坐便器凹槽内，穿入地面钻好的孔内4个螺栓，平稳放入坐便器。待砂浆初凝后，垫上胶垫并拧紧4个螺栓，用少许白水泥勾缝，这样坐便器既稳固又不会漏水。

巧捻管道承接口：室外给水铸铁管采用承接口连接时，先塞入油麻丝击打密实，再用石棉和水泥按3∶7比例拌和，并掺1%的防水粉，分层填塞并捻打密实，这样既可增加接口的严密性，又使接口具有柔韧性，还会吸收少量基础沉降变形。

巧煨灯叉弯：灯叉弯用于管子与暖气片的连接。将下好料的管子用氧气加热，放在固定支架的平台上，用力煨成45°，再翻个面煨成第二个45°，管子既不扁又可一次成型，定型后成批预制，利于提高工效、保证工期。

管道巧试压：管道试压时，在管道的末端与最高处各安装一块压力表，若两块表的压力降得不一样或相差较大，说明系统漏水，反之系统不会漏水，应注意的是，两个表的压力降读数由于建筑物本身高度的缘故，在没试压前就会存在高度差。因此，在使用过程中应扣除这一数值，否则，会出现较大误差，以免引起不必要的麻烦。

（曹民生　林庆军）

15. 如何巧换法兰垫？

一些建筑物的消防给水系统管道，多采用法兰连接式铸铁截止阀。冬天时，由于天气寒冷，时常造成管内存水结冰，体积膨胀，消防管道内产生较大的纵向和横向应力，从而使得法兰连接处出现松动和缝隙；与此同时，寒冷使得橡胶垫变硬变脆，韧性大大降低，此时，冰的横向压力正好沿缝隙将法兰橡胶垫向外撑裂。在这种情况下，则需将法兰垫换新。如何换新法兰垫？具体方法是：

（1）卸下铸铁阀门，将各个法兰表面清理干净，并涂上黄油，在截止阀下端（C端）换上新的法兰垫并将其固定。

（2）由于C端已经换上新的法兰垫，故使得D端两法兰盘之间的缝隙非常的小，橡胶垫很难塞进去。这时，可将橡胶垫在热水中烫，然后在橡胶垫圈的一端（B端）绕进内圈粘上塑料胶带（2cm宽较好），随后在橡胶垫上下两面涂抹黄油，再将法兰垫塞入法兰间（D端），A端推、B端拉，如图13-3所示。

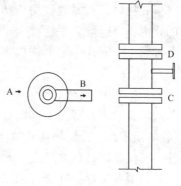

图13-3　法兰连接式铸铁截止阀示意

即使是较厚的法兰橡胶垫，亦可顺利塞进法兰之间。安装上螺杆，上紧螺母即可。

（马洪彬等）

16. 厨房装修烟道、燃气道、上下水道如何改造？

烟道从建筑结构设计来看，由于有主、副烟道之分，是不能随意横向改动的，否则会影响排烟并有倒灌的可能。

为了美观将烟道口上下移动则不会影响其使用功能。首先看油烟机的形式，如果是西式烟机（多为金字塔形）一般烟道走向为垂直向上，外加不锈钢烟道装饰板，烟道口可改入吊顶内；如果是中式烟机由于烟道导管外一般无装饰板，则烟道口需改在吊顶下适当位置，以便烟道导管经装饰板或从烟机吊柜内同烟机连接。

厨房中的燃气管道或燃气表有可能影响装修，显然燃气公司是出于安全或安装方便的考虑得更多一些。而燃气管道的改动也是必须由燃气公司认可后或由他们操作才行。如果需要改动，原则上从气表分出的管道应尽量贴近主管道向下延伸然后拐向燃气灶附近，横管高度以地柜高度下 20mm 为宜。别墅或燃气表在户外的客户管道的修改可以入墙或从地表走管（因为橱柜都有地脚，一般距地 10mm）并在灶台位置甩出接口即可。

上水管原则上只能改动分户总闸门后的部分，改动后以水表便于查看，管道低于地柜台面高度 200～600mm 为宜。如果能做入墙式管道就更理想了，这样橱柜内见不到横空而过的管道，那样会更美观，储存空间也会更大。上水管末端应有八字阀或截门，以便龙头的安装和日常使用中的维修，如果有其他用水设备（如洗衣机、洗碗机、净水器等）还应接驳三通等相应分管。

下水管的改动以尽量靠近原有下水孔并尽量靠近后面墙为宜，如果有其他设备需要排水，也要接驳三通（当然有些名牌水盆厂家提供的自带下水管上已带有外接口）。

17. 下水道堵塞如何巧疏通？

下水道堵塞后，用一根长约从水龙头距弯道段相当、直径略小于下水口的普通塑料管。将其一端接在水龙头上，并用细铁丝拧紧，不致漏水；一端插入堵塞的下水管内，用一块湿布将塑料管与下水口周围的空隙填满塞严。然后最大限度地拧开水龙头，让水进入下水管，由于管内空间有限，形成强大水压，就能慢慢冲走 S 形弯道内淤积的堵塞物，从而使下水管道重新畅通。

18. 排水立管排堵有何小窍门？

当工程竣工交付使用以后，排水立管时有发生堵塞状况，污水由首层（首层与标准层为同一个排水系统时）排水设备溢出，往往是经疏通后不久又会再次发生堵塞。反复发生此类问题的主要原因，一般情况是该立管下端转弯处有块状或棒状异物堵塞。

对此，修复方法有多种。现介绍以下两种比较简易的方法：第一种为切断法；第二种为开膛法。无论立管埋在室内地面以下有多深，还是设在地下室，均可按这两种方法去修复。

切断法：如图 13-4、图 13-5 所示。具体操作如下：在立管下两个 45°弯头的上方立管和水平横管上，可视情况在适当位置锯断，锯口平正且与管道轴心垂直，取下整个转弯管段并取出棒状或块状异物。再把锯下来的管段按原位装上，上方的接口用与立管材质相同的塑料管箍粘结。其下方水平横管的接口可用钢管改制的套管连接。套管内径应大于管道外径 20mm 左右。当直径为 $\phi 75mm$、$\phi 125mm$ 时，排水管道可分别用 $\phi 102mm$ 和 $\phi 159mm$ 的无缝钢管；当直径为 $\phi 110mm$ 时，管道可用直径 $\phi 125mm$ 的低压流体钢管，无需改制即可制作。

套管与管道间的缝隙，采用油麻和 1:9 水灰比的水泥捻实即可，圆钢挡圈可电焊在套管内，如图 13-5 所示。

开膛法：如图 13-6 所示，在两个 45°弯头中间的上方锯下一个 90°直角形（也可以在水平管道的上方）弧状管壁，其深度不超过该管道直径的 2/5，可以与承接口一同锯下。当取出异物后把锯下来的弧形管壁原位扣在上面，并将管道表面擦拭干净。在管道表面涂刷环氧胶，做一层约 3mm 厚的玻璃钢，如图 13-6、图 13-7 所示。

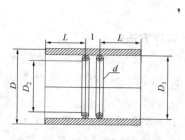

图 13-4　各部位尺寸示意

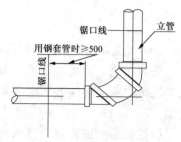

图 13-5　切断法取异物部位示意

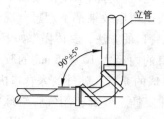

图 13-6　开膛法取出异物
部位示意

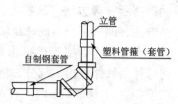

13-7　切断法取出异物后修复
示意

如果在水平管的上方开膛时，锯下来的上半部分弧形管道无法再利用，可将铁皮或厚硬纸板做成弧形扣到上面扎紧并涂刷环氧胶，做玻璃钢套管。

环氧胶的配制：环氧胶是用 6101 号环氧树脂和聚酰胺树脂混合搅拌均匀而成，其配合比见聚酰胺树脂包装桶上的说明即可，因为聚酰胺树脂规格不同，用量也不同。应注意，在配制的过程中，环氧胶绝对不可沾水或受潮湿。

玻璃钢制作方法：玻璃钢即玻璃钢套管。宜做成"四布五胶"玻璃钢套管，即涂 5 遍胶，缠绕 4 层玻璃丝布（过密的玻璃丝布不能用，要用有一定孔隙的方能渗透胶液）。把玻璃丝布裁成 120~200mm 宽，缠绕时要绷紧，要有 10~20mm 搭接，搭接处要有粘结，每层的接缝应错开。

这两种修复方法简单、常用、有效、可靠。

（于培旺）

19. 管道灌水试验管口封堵有何巧方法？

安装在地下的排水管道，为了防止接口处的渗漏，在安装完毕隐蔽之前，必须做灌水（通水）试验，检查管道安装是否严密。

以往做灌水试验封堵排水出口，多采用砂浆、砖头或木塞的方法，这些方法费工、费时、浪费材料，封堵效果也不好，经常出现封堵不住而漏水的现象；现在也有的采用钢板加垫块或手动钢锯断管等方法。这些方法使用后效果都不理想。现介绍一种方法，即采用胶质皮球封堵管口的方法，具体操作如下。

选一个直径比封堵管道排出口的内径大 10~15mm 的胶皮球，将球体内气体放出一部分，将球的充气孔朝外放入管口内，放入深度距管口 10mm 以内。将球安插上气针，用气管给球充气加压。利用气压将球体涨压在管壁上。待球充气到一定程度，球体就完全挤压在管壁上，将管口封严，如图 13-8 所示。

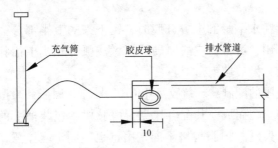

图 13-8　管口封堵做法示意

然后将气针拔下，就可以做灌水试验。实验完毕，将球内气体放出，取出球体，即可排出管道内的积水，灌水试验结束。

218

用这种方法封堵关口进行蓄水试验，既严密又省工、省时、还节约材料。

（陈廉政）

20. 室内暗线敷设有何学问？

（1）施工前要充分考虑各功能区域所需的电器及照明设备，并以此为依据，粗略计算每路电线应匹配的线材截面积。应尽量采用优质桐芯护套线及暗装接线盒，以免老化或折断，造成面板安装困难。

（2）绘制各居室电路分布图，并将各种灯具、开关、插座和配电盘定出坐标和高度，以确定线路的走向和分支汇合，电线最好选用不同颜色，以便识别不同的回路。

（3）最好将电源线穿入阻燃管材后再敷设。在可燃结构的顶棚内，一定要加穿阻燃管材，同时在顶棚外应设置电源开关，以供必要时切断电源用。所有导线的接头都应在接线盒内。

（4）室内线路每一分钟总容量不应超过300W，每一单项回路的负荷电流一般不超过15A，空调等用电大户应设置专线。

（5）开关安装高度一般距地面为1200～1350mm，插座高度一般为200～300mm，配电盘高度应以1800～2000mm为宜。

21. 照明线路故障如何判断与处理？

在装修工程施工过程中，照明线路总是免不了会有一些故障需要处理，线路已经隐蔽起来，因此，准确判断和正确处理都显得十分重要。

照明线路的故障一般有三种：过载、短路、开路。

过载故障：发现灯光发红色，检查电源电压正常，说明线路已过载。如果点灯都不亮，检查熔断器熔丝在中部或端部熔断，熔丝有残余，说明线路严重过载。应检查负载情况，有无较大容量用电设备等。甩掉部分用电设备后更换熔丝，检查测量工作电流是否正常。

219

短路故障：发现电灯都不亮，检查电源熔断器熔丝烧断，看不到熔丝残余，熔丝附近有弧光法、放电的烧痕，说明线路有短路故障。处理时不允许有大熔丝，更不允许以铜丝或铁丝等金属丝代替熔丝，应从干线到分支线，分段检查短路故障点。

开路故障：发现电灯都不亮，检查电源的熔断器熔丝完整良好，测量电源侧电源电压正常，负载侧无电压，则说明是开关接触不良造成。如果负载侧电压也正常，可肯定线路干线上有断开点，采用分段短接干线的方法找到断开点，确定断开点后将其接通。

（陈连生）

主要参考文献

[1] 沈白禄. 建筑装饰 1000 问. 北京：机械工业出版社，2008.

[2] 骁毅. 文化实用家装 1001 关键问题. 北京：化学工业出版社，2001.

[3] 江正荣. 建筑分项施工工艺标准手册. 北京：中国建筑工业出版社，2000.

[4] 崔东方，赵肖丹. 装饰工程施工. 北京：高等教育出版社，2007.

[5] 赵肖丹. 木作装饰与安装. 北京：中国建筑工业出版社，2006.

[6] 曹文. 墙体装饰构造与施工工艺. 北京：高等教育出版社，2005.

[7] 崔东方. 地面装饰构造与施工工艺. 北京：中国建筑工业出版社，2007.

[8] 沈忠于. 吊顶装饰构造与施工工艺. 北京：机械工业出版社，2006.

[9] 陈永. 饰面涂裱. 北京：机械工业出版社，2007.

[10] 赵清江. 防水施工. 北京：高等教育出版社，2007.

[11] 建筑技术杂志社. 建筑工人. 建筑技术杂志社，2008～2012.